MARTIN MODER

GENPOOL-PARTY

Wie die Wissenschaft uns stärker, schlauer und weniger unausstehlich macht

Carl Hanser Verlag

1. Auflage 2019

ISBN 978-3-446-26190-7

Umschlag: Anzinger und Rasp, München
Illustration: nach einer Fotografie von Peter-Andreas Hassiepen
Satz: Satz für Satz, Wangen im Allgäu
Druck und Bindung: Friedrich Pustet, Regensburg
Printed in Germany

MIX
Papier aus verantwortungsvollen Quellen
FSC® C014889
FSC
www.fsc.org

INHALT

VORWORT

Ich weiß, was Sie beim Lesen des Klappentexts gedacht haben: »Wieder so ein Österreicher, der vom Übermenschen schwärmt.« Aber so einer bin ich nicht und erkläre Ihnen auch gerne warum. Erstens wäre ein Buch, das den Übermenschen feiert, zum Scheitern verurteilt, weil Leute, die der Eugenik vergangener Tage nachtrauern, nur selten Bücher lesen. Zweitens kann es so etwas wie einen »idealen« Menschen grundsätzlich nicht geben. Schön für Sie, wenn Sie ein persönliches Ideal haben, sei es Jesus, Gollum oder Wonder Woman, aber als allgemeingültiges Ideal taugt es wenig, da sich die Zuschreibung »ideal« grundsätzlich nicht auf der Ebene eines Individuums machen lässt. Das liegt daran, dass eine Gesellschaft ihren Mitgliedern zahlreiche verschiedene Einsatzmöglichkeiten bietet, die vollkommen unterschiedliche Ansprüche an die ideale Besetzung stellen. Bestünde eine Gesellschaft ausschließlich aus idealen Kindergärtnern, würde sie gleichermaßen scheitern wie eine, die zur Gänze aus idealen Atomphysikern, Ausdruckstänzern oder Steuerberatern besteht. Schon alleine deshalb kann es einen idealen Menschen nicht geben, selbst wenn Sie in Ihrem Freundeskreis einen kinderfreundlichen Steuerberater haben, der das Periodensystem der Elemente tänzerisch darstellen kann. Sogar Eigenschaften, die auf den ersten Blick eindeutig positiv erscheinen, beispielsweise hohe Lebenszufriedenheit, haben ihren Preis. Hätten Künstler wie Tschaikowski oder Chester Bennington von Linkin Park so berührende Musik machen können, wenn sie nicht mit Depressionen zu kämpfen gehabt hätten? Wären alle Menschen stets gut gelaunt, wären in Musikgeschäften bald nur noch »Best Of Mallorca Party Hits« erhältlich. Eine Welt, die eine feurige Apokalypse mehr als verdient hätte.

Wenn man nicht definieren kann, was der Idealzustand ist, lässt sich auch schwer bestimmen, welche Veränderung eine Optimierung darstellt und welche nicht. Aber seien wir doch mal ehrlich – vermutlich sind Sie eher daran interessiert, wie man einen Menschen stärker, intelligenter und attraktiver macht, als daran, wie man schwach, dumm wie Brot und ekelerregend wird. Nicht umsonst sind Filme erfolgreicher, bei denen der Protagonist nach dem Reaktorunfall Superkräfte bekommt, als solche, in denen er mit Verdacht auf Basalzellkarzinom verunsichert im Wartezimmer des Allgemeinen Krankenhauses Wien landet. Wir wählen deshalb diesen rein pragmatischen Ansatz, um trotzdem das Wort »Optimierung« zu verwenden.

Von Zeit zu Zeit bringt die Menschheit Individuen hervor, die in manchen Bereichen so herausragend sind, dass es ihnen gelingt, die Welt für uns alle zu verändern. Ein Herr namens Albert war so brillant, dass wir dank ihm das Universum besser verstehen und Navigationssysteme bauen können. Eine Dame namens Rosa war so unbeugsam, dass ihre Standhaftigkeit die Bürgerrechtsbewegung in den USA startete. Ein Österreicher mit einprägsamer Gesichtsbehaarung war ein so begnadeter Redner, dass es ihm gelang, die Welt in blutiges Chaos zu stürzen. Wodurch ist es diesen Leuten gelungen, sich derart von der Masse abzuheben? Die Wissenschaft der letzten Jahre hat immer deutlicher gezeigt, dass nicht nur körperliche Attribute wie Aussehen, Kraft und Größe eine starke biologische Komponente haben, sondern auch Eigenschaften, die uns so ungreifbar erscheinen wie Persönlichkeit, Intelligenz, Glücksempfinden und Empathie. Was diesen biologischen Einfluss ausmacht, kann die Wissenschaft mit ständig zunehmender Genauigkeit beschreiben. Die Aufgabe dieses Buches ist es, Ihnen zu zeigen, was Sie zu dem wunderbaren Menschen macht, der

Sie ohne Zweifel sind – und was Sie dagegen tun können. Denn der Punkt, an dem wir unsere biologische Evolution dem brutalen Mechanismus von Mutation und Selektion entreißen und sie selbst bestimmen können, scheint beinahe erreicht zu sein. Inwieweit sind Persönlichkeit und Intelligenz einer Person biologisch bedingt? Was sind überraschende Wege, um darauf Einfluss zu nehmen? Was macht uns glücklich und weshalb bilden wir uns überhaupt ein, dass ein Streben danach sinnvoll ist?

Die gezielte Veränderung unserer biologischen Grundlage wird schon bald keine Frage des Könnens mehr sein, sondern eine Frage des Wollens. Doch die Wissenschaft der letzten Jahre hat einfache Möglichkeiten aufgezeigt, durch die wir uns bereits heute in interessante Richtungen verändern können. Wenn Sie schon immer wissen wollten, wie Drogenpartys im Labor ablaufen, warum Klaviermusik aus dem 19. Jahrhundert so geil macht und was das alles mit der Verbesserung des Menschen zu tun hat, werden Sie mit diesem Buch große Freude haben.

DEINE DNA UND DU

Als Kind war ich dick und froh darüber. Meine Prioritäten waren klar verteilt und lagen irgendwo zwischen dem Computerspiel »Age of Empires« und Pizza. Aus damaliger Sicht war meine Leibesfülle etwas durchaus Wünschenswertes. Mir wurde nicht schnell kalt, und wenn ich einen Joghurt im Rucksack hatte, war ich froh darüber, dass ich nicht leicht umzustoßen war. Doch dann kam das böse Erwachen: die Pubertät. Und mit ihr die schaurige Erkenntnis, dass es neben Computerspielen und Muttis preisverdächtigem Melanzani-Auflauf noch andere Dinge gibt, für die man sich interessieren könnte. Mir wurde klar, dass ein Idealzustand etwas Subjektives und Wandelbares ist. Ich habe deshalb begonnen, mich gesünder zu ernähren, Sport zu treiben, und nach einiger Zeit war alles, was von dem dicken Martin übrig geblieben war, der Martin. Das ist auch gut so, denn füllige Menschen, die Bücher schreiben, laufen Gefahr, spöttisch als »Kugelschreiber« bezeichnet zu werden. Würde ich meinem Appetit jedoch freien Lauf lassen, wäre das Comeback des dicken Martin nur eine Frage der Zeit. Wieso drängt uns der eigene Körper zu einem Verhalten, das ihm selbst schadet? War die Evolution im Biologieunterricht kurz unaufmerksam und hat »Survival of the Fettest« verstanden? Oder liegt es daran, dass unser Körper für eine Welt optimiert wurde, in der weder weiße Schokolade noch Quattro Formaggi Pizza existieren? Das Zeitalter, in dem wir keine Angst davor haben müssen zu verhungern, hat aus Sicht der Erdgeschichte gerade erst begonnen. Und das noch nicht einmal auf der gesamten Welt. Wen wundert es also, dass unser Körper trotz vorhandener Zentralheizung versucht, uns durch Winterspeck vor dem Erfrieren zu schützen, und uns trotz 24-Stunden-Lieferservice auf den drohenden Hungertod vorbereiten möchte. Dass unser Körper für diese durchgehende Verfügbarkeit von Kalorien nicht optimiert ist, spiegelt sich darin wider, dass mittlerweile mehr Menschen von Übergewicht betroffen sind als von Unterernährung.

Lässt man der Natur ihren Lauf, passt sich die Biologie im Laufe von Tausenden, wenn nicht Millionen von Jahren an neue Umweltbedingungen an. Allerdings kann sich unser modernes Leben innerhalb weniger Jahrzehnte so grundlegend verändern, dass sich die Biologie »Eh scho wurscht« denkt und es erst gar nicht versucht. Mit einer solchen Unstimmigkeit zwischen unserem Umfeld, unserer Psychologie und unserer Biologie lässt sich auf drei Arten umgehen: Entweder wir ändern unser Umfeld, unsere Psychologie, oder unsere Biologie. Bezogen auf unsere bewegungsarme, Tiefkühlpizza-reiche Lebensweise bedeutet das, dass dekadente Kalorienbomben meistens unerreichbar sein müssten (Umgebung ändern), oder wir die Willenskraft aufzubringen hätten, köstlichen Versuchungen zu widerstehen (Psychologie ändern), was vielen Menschen jedoch kaum gelingt. Die dritte und radikalere Möglichkeit ist es, unsere Biologie selbst zu verändern. In diesem Fall so, dass unser Körper mit den neuen Lebensbedingungen besser zurechtkommt.

Das ist zum Beispiel die Idee hinter der »Polypill«, einer präventiv wirkenden Tablette, die verschiedene Arzneistoffe kombiniert, um unseren Organismus besser an den westlichen Lebensstil anzupassen und Blutdruck sowie Cholesterinwerte trotz fettreicher Ernährung und Bewegungsmangel im Normalbereich zu halten. Auch Eingriffe wie ein Magenbypass, bei dem das Verdauungssystem so zurechtgestutzt wird, dass es weniger Nahrung aufnimmt, sind letztlich Versuche, die Biologie eines Menschen radikal an eine Umwelt anzupassen, in der Cheeseburger € 1,29 kosten und per Rolltreppe erreichbar sind. Aber auch unsere geistigen Fähigkeiten hatten kaum Gelegenheit, sich auf biologischer Ebene an die immer komplexer werdende, technologisch hochentwickelte Umgebung anzupassen, in der wir heute leben. Mit dem Resultat, dass konzentrationsfördernde Substanzen wie Ritalin und andere »Gehirndopingmittel« immer beliebter werden, um unser Denkorgan für eine solche Umwelt zu optimieren. Selbst unsere Psyche lässt sich an Lebensbedingungen anpassen, die nicht unserem Wesen entsprechen – dank Antidepressiva.

BETTER BABIES

Derartige Eingriffe stoßen aber schnell an ihre Grenzen, da lediglich nachträgliche Schadensbegrenzung an einer bereits vorhandenen biologischen Grundlage betrieben wird. Die Biologie eines Hamsters wird ihm auch dann nicht das Lösen von Integralgleichungen erlauben, wenn Sie ihm eine ganze Jahrespackung Ritalin füttern. Im Gegenteil – tot umfallen wird er. Kein Wunder also, dass Menschen fasziniert sind von dem Gedanken, diese Grundlage gezielt zu beeinflussen. Allerdings waren wir nicht die Ersten, die diese Idee hatten. Die Natur kam uns Jahrmillionen zuvor. Immerhin ist einer der Hauptgründe dafür, dass Sie manche Menschen attraktiver finden als andere, dass Sie Ihre Nachkommen mit den bestmöglichen Eigenschaften ausstatten möchten. Dabei hebt sich der Mensch von anderen Tieren insofern ab, als sich manche von uns sogar Pokale verleihen lassen, wenn sie glauben, gute Partnerselektion betrieben zu haben. Zu Beginn des 20. Jahrhunderts wurden auf US-amerikanischen Volksfesten »Better Babies«-Wettbewerbe abgehalten. Dabei wurden Säuglinge ab 6 Monaten von Medizinern und Krankenschwestern benotet. Spitzen-Babys konnten maximal 1000 Punkte erzielen – 700 für ein makelloses

Erscheinungsbild, 200 für mentale Leistungsfähigkeit und 100 für körperliche Eigenschaften wie Größe und Gewicht. Wieso 700 Punkte für das physische Erscheinungsbild und nur 200 für mentale Fähigkeiten? Na, was erwarten Sie bitte bei Volksfesten, auf denen sonst nur Saatgut und Zuchtrinder verglichen werden? Die Eltern der Sieger bekamen eine Trophäe, die Verlierer eine Liste mit Ratschlägen, wie man trotzdem noch das Beste aus dem Winzling machen kann. Ziel der Wettkämpfe war es, Menschen dazu zu motivieren, Nachwuchs zu zeugen, der von der Mehrheitsgesellschaft als wünschenswert betrachtet wird. In der Hoffnung, das ganze Land würde davon profitieren. Charles Darwin war noch keine 30 Jahre tot, und schon versuchte man, seiner Theorie ins Handwerk zu pfuschen. Allerdings ohne nennenswerten Erfolg. Vermutlich weil die Aussicht auf einen Volksfest-Pokal bei der Partnerwahl selten an der Spitze der Prioritätenliste steht.

So undenkbar diese Wettbewerbe aus heutiger Sicht auch erscheinen, ihre Grundannahme war nicht gänzlich absurd: Genetisch festgelegte Eigenschaften lassen sich anreichern, wenn innerhalb bestimmter Gruppen geheiratet wird. Ein Beispiel dafür findet man bei Mitgliedern einer Gruppe, die zur Glaubensgemeinschaft der Amischen gehört. Die Amischen sind für die Wissenschaft besonders interessant, da sie in den USA bis heute sehr zurückgezogen leben, nur innerhalb der eigenen Gemeinschaft heiraten und deshalb eine genetisch abgegrenzte Gruppe bilden. Bei ihnen stießen Forscher 2017 auf eine Genvariante, die ihre Träger nicht nur langsamer altern ließ, sondern auch länger gesund hielt. In der Studie trugen 16 Prozent der untersuchten Amischen eine Mutation in beiden Kopien des Gens *SERPINE1,* wodurch sie durchschnittlich 10 Jahre älter wurden als ihre un-mutierten Glaubensgeschwister und seltener an Diabetes und Herz-Kreislauferkrankungen litten.

Lautet das Rezept für den gesellschaftlichen Jungbrunnen also:

sich eine überschaubare Gruppe vorzüglich mutierter Freunde suchen und sich in einen ungehemmten, generationenübergreifenden Inzest-Gangbang stürzen? Nicht wenn die Gruppe so klein ist, dass es darin zu wenig genetische Vielfalt gibt. Schmerzhaft erfahren musste das Karl II., der letzte Habsburger in Spanien. Karl war körperlich krank, mental zurückgeblieben und hatte ein Gesicht, das nur eine Mutter lieben kann. Selbst ohne seine Impotenz wäre er vermutlich kinderlos gestorben. Seine Unfähigkeit, Nachkommen zu zeugen, machte nicht nur ihm zu schaffen, sondern stürzte durch den Spanischen Erbfolgekrieg halb Europa ins Chaos. Kein triumphales Ende einer jahrhundertelangen Heiratspolitik, die politische Interessen über die der genetischen Vielfalt stellte. Niemand weiß genau, aus wie vielen Individuen eine Gesellschaft bestehen muss, damit sie trotz ausschließlich gruppeninterner Fortpflanzung ausreichend genetische Vielfalt aufweist, um langfristig überleben zu können. Viele Berechnungen kommen auf mehrere Tausend Personen. So viele Freunde haben Sie aber nicht, auch wenn Ihr Facebook-Account etwas anderes behauptet – versuchen Sie es also erst gar nicht.

VOM GEN ZUR MENSCHLICHEN EIGENSCHAFT

Die Zeit von Karl II. liegt aus heutiger Sicht lange zurück, und mittlerweile wurden viele Dinge entwickelt, die sein Leben deutlich hätten verbessern können: Körperhygiene, Internet Dating und die moderne Genetik – und mit Letzterer die bevorstehende Möglichkeit, gezielt in das menschliche Erbgut einzugreifen. Eine Voraussetzung, um den Code des Lebens, unsere DNA, umzuschreiben, ist, ihn lesen zu können. Mittlerweile sind wir darin ziemlich gut geworden, obwohl es nicht einfach ist. Ein Buch kann man einfach aufschlagen und immer wieder in ihm nachschlagen. Macht man das jedoch bei einem Menschen, landet man im Gefängnis. Um DNA abzulesen, muss man klüger vorgehen, obwohl sie auf den ersten Blick recht simpel erscheint. Unsere Erbinformation ist in nur 4 Buchstaben niedergeschrieben, die man auch als Basen bezeichnet: A (Adenin), T (Thymin), G (Guanin) und C (Cytosin). Die vier Buchstaben befinden sich auf einem fadenartigen Rückgrat, das aus Zuckermolekülen und Phosphat besteht. Auf diese Weise bildet die DNA eines Menschen einen Code, der drei Milliarden Buchstaben lang ist und in Form einer sogenannten Doppelhelix zusammengerollt in den Kernen unserer Körperzellen wohnt. Würde man diesen Faden aus einer einzigen Zelle herauskratzen, entwirren und in einer geraden Linie aufspannen, wäre er beinahe zwei Meter lang. Dieses Molekül ist das Resultat von beinahe vier Milliarden Jahren natürlicher Selektion. Unzählige Generationen haben es durch ihren tapferen Überlebenskampf und ihre unbezwingbare Sexbesessenheit ermöglicht, dass eine sich laufend verbessernde Kopie dieses Moleküls ohne Unterbrechung vom ersten Lebewesen der Welt bis zu Ihnen weitergegeben wurde. Alles, was einen Menschen ausmacht, bevor die Umwelt als zweiter prägender Faktor hinzukommt, ist auf diesem Faden niedergeschrieben, der sogar zu klein ist, um als mikroskopisch bezeichnet zu werden. Viele Menschen wissen das, aber die wenigsten können sich vorstellen, wie dieses tote, unscheinbare Molekül so persönliche Merkmale wie unsere Einfühlsamkeit beeinflussen soll. Zur Veranschaulichung lesen Sie bitte folgenden Absatz laut vor:

GGGAGGGAGCCCTGTGGGGTTGCCTTTGCTTCCAAAAGTTGCC
AGGGCAAGGTGGTAAGGTCAGCAGGTGGGCCAGTGCCTCAGGTC
ACACCCAGACACGCCAGCCCGGGGCCACAGACCTCACCCAGC
CTCCACAGACAGTGTGATGCAGCCAGGGCACCTGCTAATCTC
CTCCTGATCCGAGGCCCTCCACAACCCCTCTTCCCCTCCTCA
CCCCTCCCGAAACCCACACAGACAGCCATCAAATGGAAACATG
ATGTAGCAGGGCCTCACCCAAGAGGCTGGTTTGGGGTTAGCTTTT
GAGTTTTTTGATTTTGGATTTTTGTCTTTTTAGCTGTTATTTAT
CAAACCTTTGGGGGGAAAAGAAGTGAAATCACCACAGGGCAGA
AACCCTAAGGGAAAACATTAACATTAGCTAAGAACATAAAAGA
ACACACAATTACTTAATCATATAAGTGTCTGAAGTTAACTGTCCA
TCTAATTGTGATTTGTACCCAGAAGGGCCGAGCTTGTGCACT
CTTCATGGCCCAGAGTGAATATCCTGTCCAAGCTTCTCCTGCCG
GCCCACCATGCTCTCCACATCACTGGGTCACCTCAAGAAAAAGC
CCCTCCAAGGGGCCTGGTCCCCCACACCTCGGGCACAGCATTC
ATGGAAAGGAAAGGTGTACGGGACATGCCCGAGG**R**TCCTCA
GTCCCACAGAAACAGGGAGGGGCTGGGAAGCTCATTCTACAGA
TGGGGAAACAGTTCAAACCAGGCCTCCTGTGCCTGTCAGCCT
TCCTCCCAGTCCAACGCTCCTGACAGATGTTTGGTTGCCCCAGTG
ATGGGGCGCTCCTTTCTTTTCCAGGTTGCCAGTTCTGTTTCAGAC
AGCTGCTTAGAAAGTCCCTATTCCTCCTGAGTCCAGCTCTTC
ATGGCCATCCCTGCCCCGTCTCACTCACCTCTCTGCTCCCATTT
TCCACGTATTTGGCAAGCACTGGTTGAGCTATCAATGACTGTGC
AGCCTTGTGCCAGGCATCCCCTGGGGTAAAAGGCATCCCCTGG
AGTTGTGCCACAAAACAGCCCACACATTGGACTTGGGCTTAAC
AAGTAGGGAACAGGACAAGCAGCGTCCCTGCTGTGATAGGGCT
CATAGTCCACCTCTCCGGCCTTAACAAGCTTCTCTCCCACC
TCCCAGCCTCCCCGGACACATCACCTGCTGTCCACTCCCATT
CCCTCCACCCAGGCTCAAGACAAGAATCCCCATCTTGTCCATCA
GGAAGGGGCCATAGGTCACACCATTTAATCCTCACATCAAC
CCCAGGCAGTGAGCCGTGCTATCCTTATTACATGGAGGAGGAG
GTGGAGGCTCAGAGCAGGTAAAGCAACTGGCTTAAGGACACTGG

Ist Ihnen etwas aufgefallen? Richtig, in der Mitte des Buchstabensalats befindet sich ein R. Ich habe es fett markiert, weil Sie sich ja doch zu gut dazu sind, die paar Zeilen aufmerksam durchzulesen. Bei diesem Absatz handelt es sich um etwa sieben Prozent der DNA-Sequenz eines Gens namens *OXTR*, das den Rezeptor für das Hormon Oxytocin kodiert. Dieser Rezeptor ist die Voraussetzung dafür, dass unsere Gehirnzellen auf das Hormon reagieren können, das unser Sozialverhalten auf vielfältige Weise beeinflusst. Der Buchstabe R, in der Mitte der Sequenz, bedeutet in diesem Fall nicht, dass wir den Nobelpreis für die Entdeckung eines neuen DNA-Bausteins bekommen. Er dient lediglich als Platzhalter, da sich an dieser Stelle der DNA entweder ein A oder ein G befinden kann. Je nachdem, bei welchem Menschen man nachsieht. »Ja, meine Güte«, denken Sie jetzt, »ein Buchstabe von drei Milliarden, da würden selbst radikale Internet-Grammatik-Nazis ein Auge zudrücken.« Aber in der Genetik können kleinste Veränderungen große Auswirkungen haben. Mehrere Studien haben gezeigt, dass dieser einzelne Buchstabe die Funktion des Oxytocin-Rezeptors beeinflusst und somit auch unser Sozialverhalten verändert – abhängig davon, ob sich an dieser Stelle ein G oder ein A befindet.

Von fast allen unserer Gene tragen wir zwei Kopien in uns – eine von der Mutter und eine vom Vater. Menschen, bei denen in beiden Kopien des *OXTR*-Gens an dieser Stelle ein G steht, sind im Durchschnitt einfühlsamer, fühlen sich weniger alleine und interagieren auf feinfühligere Weise mit ihren Kindern als Leute, bei denen sich in beiden Kopien ein A befindet. Und das ist nur ein Beispiel von vielen. Alleine im *OXTR*-Gen sind zahlreiche Mutationen bekannt, von denen man Auswirkungen auf unser Verhalten vermutet. Unser Denken und Handeln basiert auf einer Vielzahl von Hormonen und Neurotransmittern, deren Funktion und Zusammenspiel sich durch winzigste Veränderungen der DNA beeinflussen lassen.

MACHT UNS DNA-SEQUENZIERUNG ZU ARSCHLÖCHERN?

All das können wir nur deshalb erforschen, weil wir erstaunlich gut darin geworden sind, unsere Erbinformation abzulesen. Um die DNA-Sequenz des ersten menschlichen Genoms zu entschlüsseln, haben über 1000 Wissenschaftler weltweit 13 Jahre lang gearbeitet und dafür 3 Milliarden Dollar Budget verheizt. Fertig waren sie damit 2003. Heute wird etwa alle 10 Minuten ein komplettes menschliches Genom sequenziert. Tendenz stark steigend. Die Kosten dafür betragen mittlerweile weniger als 1000 Dollar pro Genom. Tendenz stark sinkend. Damit steht das Ablesen des menschlichen Genoms kurz davor, eine medizinische Routinemaßnahme zu werden. Zumindest aus technischer Sicht wird das bald kein Problem mehr sein. Abzuwarten bleibt, ob es aus menschlicher Sicht eines werden könnte. Verändert man den Menschen bereits dadurch, dass man ihm etwas über seine Gene erzählt?

»Experten auf dem Gebiet der menschlichen Genetik sagen uns, dass die kleine Population der Tutsi darauf zurückzuführen ist, dass sie nur untereinander heiraten … Eine Kakerlake kann keinen Schmetterling zur Welt bringen. Eine Kakerlake bringt eine weitere Kakerlake zur Welt.« – Übersetzt aus der Hutu-Zeitung *Kangura* vom März 1993. Im darauffolgenden Jahr töteten Angehörige der Hutu-Mehrheit innerhalb weniger Monate Hunderttausende der in Ruanda lebenden Menschen, die der Tutsi-Minderheit angehörten. Lange bevor das erste menschliche Genom sequenziert war, wurde der Hinweis auf genetische Unterschiede schon dazu benutzt, um Bevölkerungsgruppen gegeneinander aufzuhetzen. Forscher fanden Hinweise darauf, dass wir Menschen bevorzugen, von denen wir glauben, sie seien uns genetisch ähnlich. Fair ist das nicht, aber manchmal verhält sich Evolution nun mal wie ein gefühlskalter Egomane. Jemanden zu unterstützen, der einem genetisch ähnelt, ist die zweitbeste Strategie zur Verbreitung des eigenen Genmaterials, nach der direkten Weitergabe des eigenen. Je enger Lebewesen miteinander verwandt sind, desto häufiger beobachtet man zwischen ihnen selbstloses Verhalten, weil dadurch die Chance steigt, die eigenen Gene an nachfolgende Generationen indirekt weiterzugeben.

Eine grobe Genanalyse, die die Übereinstimmung der eigenen DNA mit Populationen rund um den Globus vergleicht, ist mittlerweile leicht zu bekommen. Bei dem Anbieter 23andMe reichen dazu ein bisschen Spucke, sechs Wochen Wartezeit und 99 Euro. Mit zunehmender Verbreitung von Genanalysen drängt sich die Frage auf, wie Menschen mit den Resultaten umgehen. In einer Studie aus dem Jahr 2016 testeten Forscher, welche Auswirkungen es hat, wenn Menschen erfahren, dass ihre DNA der einer anderen Gruppe gegenüber ähnlich oder unähnlich ist. Um es spannend zu machen, rekrutierten sie Versuchsteilnehmer aus zwei Bevölkerungsgruppen, die nicht für ihren liebevollen Umgang miteinander bekannt sind: Juden und Araber. Sie bekamen Zeitungsartikel zu lesen, in denen entweder auf die genetischen Unterschiede zwischen den beiden Bevölkerungsgruppen eingegangen wurde oder auf die genetischen Gemeinsamkeiten. Danach testeten die Forscher, ob sich die Vorurteile der Versuchsteilnehmer gegenüber der anderen Gruppe verändert hatten, abhängig davon, welchen der Artikel sie gelesen hatten. Teilnehmer, die über genetische Unterschiede informiert wurden, charakterisierten die jeweils andere Gruppe als gewalttätiger und unfreundlicher – obwohl der Zeitungsartikel nichts dergleichen erwähnt hatte.

Doch ändert sich dadurch auch ihr Verhalten? In einem anderen Experiment täuschten die Studienleiter jüdischen Versuchsteilnehmern vor, sie würden ein Computerspiel mit einer Person namens »Mohammed« spielen, die sich angeblich in einem anderen Raum befindet. In dem Spiel mussten die jüdischen Versuchsteilnehmer nach jeder gewonnenen Runde den Verlierer Mohammed mit einem Geräusch bestrafen, dessen Intensität von angenehm leise bis unangenehm laut wählbar war. Lasen sie zuvor den Artikel über genetische Unterschiede, wählten sie dabei höhere Lautstärken als Leute, die über genetische Gemeinsamkeiten informiert worden waren. Die Forscher gingen aber noch einen Schritt weiter und führten die Studie in Israel fort, dem Ort, an dem der Konflikt zwischen den beiden Bevölkerungsgruppen am intensivsten ausgetragen wird. Jüdische Israelis, die über genetische Unterschiede gelesen hatten, waren weniger bereit, politische Kompromisse mit Palästinensern einzugehen, unterstützten eher deren politischen Ausschluss und zeigten vermehrte Bereitschaft zu Kollektivbestrafungen.

Was schließen wir daraus? Menschen suchen unermüdlicher nach Gründen, um sich von unliebsamen Gruppen zu distanzieren, als Gargamel nach den Schlümpfen. Die Studie fand allerdings auch heraus, dass das Betonen der genetischen Gemeinsamkeiten in manchen Fällen zu einer größeren Unterstützung von Friedensbemühungen führte. Man weiß nicht, ob diese Effekte nur kurzfristig auftreten oder langfristigen Einfluss auf das Verhältnis von Gruppen haben, die miteinander in Konflikt stehen. Auch wenn alle DNA-Tests der Welt keinen Alexander Van der Bellen dazu bringen mögen, sich eine Glatze, Springer-Stiefel und Bomberjacke zuzulegen, legt die Studie nahe, nicht unbedacht über Dinge zu berichten, die für unser menschliches Selbstverständnis so essenziell erscheinen wie die eigene DNA. Lässt man seine Abstammung genetisch testen, ist es nicht ungewöhnlich, Resultate zu bekommen, die keinerlei Überlappung mit entfernten Populationsgruppen zeigen. Dabei sollte man sich jedoch bewusst machen, dass diese Vergleiche auf den weniger als 0,1 Prozent unserer DNA basieren, die sich zwischen einzelnen Menschen unterscheiden. Richtig verstanden, Donald Trump, Richard Lugner und Sie teilen sich über

99,9 Prozent der Erbinformation. Tragen Sie Ihre 0,1 Prozent mit Stolz! Außerdem kann man keine absoluten Aussagen über einzelne Menschen treffen, nur weil eine Eigenschaft in einer Gruppe durchschnittlich anders ausgeprägt ist als in einer anderen. Das wäre die statistische Ignoranz, die leider oft in Rassismus oder Sexismus mündet. Die Tatsache, dass Frauen im Durchschnitt kleiner sind als Männer, sagt Ihnen nichts über die spezifische Körpergröße Ihres Blind Dates. Ebenso wenig verrät Ihnen die Tatsache, dass die zuvor besprochene Oxytocin-Rezeptor-Version mit dem Buchstaben G in Europa besonders stark verbreitet ist, etwas über das Einfühlungsvermögen Ihres Schnitzel-Verkäufers. Mit diesem Wissen im Hinterkopf können wir uns endlich an eines der heikelsten und gleichzeitig dringendsten Themen der Genetik wagen.

DIE VERÄNDERUNG DES MENSCHLICHEN GENOMS

Schauen Sie, ich möchte Ihnen ja gar nicht einreden, dass wir Menschen genetisch verändern sollten. Meine Aufgabe besteht darin, Ihnen zu zeigen, wie weit wir davon entfernt sind, es zu können. Das wird man ja noch sagen dürfen. Wir werden uns damit beschäftigen, was derzeit möglich ist, was nicht und was demnächst möglich sein wird. Spricht man über die genetische Veränderung des Menschen, muss man zwei Dinge auseinanderhalten, die sich grundlegend unterscheiden: die Veränderung eines ausgewachsenen Menschen und die eines winzigen Zellklumpens, aus dem sich eines Tages ein Mensch entwickeln wird.

Im Gegensatz zur Veränderung Erwachsener haben Genetiker bei der Veränderung von Embryonen viel mehr Möglichkeiten zur kreativen Entfaltung. Denn viele der Eigenschaften, die beim

Erwachsenen bereits in der Entwicklung festgelegt wurden, sind bei Embryonen noch beeinflussbar. Vorausgesetzt natürlich, dass diese Eigenschaften eine nennenswerte genetische Grundlage haben. Aber auf welche Eigenschaften trifft das zu? Und wie viele Eigenschaften hat ein Mensch überhaupt? Laden Sie bei Gelegenheit mal Ihren Nachbarn auf einen Kaffee ein und schauen Sie, wie viele seiner Eigenschaften Sie beschreiben können. Wachsen Haare aus seinen Ohren? Auf seinen Zehen? Gehört er zu den Menschen, die niesen, wenn sie in grelles Licht blicken? Wie sensibel reagiert er auf den Hitzereiz, wenn Sie ihm Kaffee in den Schritt schütten? Je genauer Sie einen Menschen betrachten, desto mehr seiner Eigenschaften können Sie beschreiben. Wie viele es insgesamt zu entdecken gibt, kann keine Zahl festlegen, weil es davon abhängt, wie intensiv Sie danach suchen.

WAS VERERBT WIRD UND WAS NICHT

Wenn Sie wissen möchten, welche der beobachtbaren Eigenschaften eher genetisch geprägt sind, erkundigen Sie sich am besten bei dem Menschen, bei dem Sie auch sonst ständig Rat suchen: Mutti. Frauen können besser abschätzen, welche Eigenschaften eine starke genetische Grundlage haben, als Männer. Dabei schneiden Eltern mit zwei oder mehreren Kindern bei ihrer Einschätzung am besten ab. Vermutlich, weil sie hautnah miterleben, welche Eigenschaften sie durch Erziehung nennenswert beeinflussen können und welche eher nicht. Vielleicht haben Sie als Eltern also gar nicht versagt und Ihr Rotzbub versucht nur deshalb ständig auf die Katze zu pinkeln, weil Sie bezüglich Tierliebe einfach Pech im Genroulette hatten. Ein wissenschaftliches Vorgehen sieht natürlich anders aus, und besonders treffsicher sind selbst die aufmerksamsten Vollzeiteltern nicht. Beispielsweise wird der genetische

Einfluss auf die sexuelle Orientierung von Laien tendenziell überschätzt, wohingegen Übergewicht stärker durch die Genetik beeinflusst ist, als oftmals angenommen. Die beste Auskunft über die Vererbbarkeit menschlicher Eigenschaften bekommen Sie deshalb bei Genetikern, die sich seit etwa 50 Jahren intensiv mit den genetischen Grundlagen menschlicher Eigenschaften auseinandersetzen. Die bisher umfangreichste Übersichtsarbeit zu diesem Thema wurde 2015 veröffentlicht und fasst die Ergebnisse von beinahe 3000 wissenschaftlichen Studien zusammen, in denen die Vererbbarkeit von über 17000 menschlichen Eigenschaften untersucht wurde. Heraus kam, dass keine einzige der untersuchten Eigenschaften unabhängig von genetischen Einflüssen ist. Bitte lassen Sie das auf sich wirken. Die umfangreichste aller Arbeiten zur Vererbbarkeit menschlicher Eigenschaften kommt zu dem Schluss, dass keine unserer Eigenschaften unabhängig von unserer Genetik ist. Wie ausgeprägt dieser genetische Einfluss ist, unterscheidet sich zwischen den verschiedensten Eigenschaften jedoch stark. Insgesamt kam die Untersuchung zu dem Schluss, dass etwa die Hälfte aller messbaren Unterschiede zwischen Menschen auf deren Gene zurückzuführen ist und nicht auf den Einfluss ihrer Umwelt.

DIE EVOLUTION IST EIN OPPORTUNISTISCHER TROTTEL

Wieso bildet sich der Mensch in seiner grenzenlosen Arroganz überhaupt ein, er könne sein Genom besser machen, als es 4 Milliarden Jahre evolutionäre Optimierung geschafft haben? Die Triebfeder der Evolution sind Mutationen, also zufällige Veränderungen der DNA, gepaart mit natürlicher Selektion. So wie jeder Begriff, der das Wort »natürlich« beinhaltet, klingt »natürliche Selektion« relativ harmlos, fast schon liebenswert. Würde man stattdessen »das massenhafte Krepieren der schlecht Angepassten« sagen, wäre das ebenso richtig, würde den Wohlfühlfaktor des Biologieunterrichts aber massiv minimieren. Mit jeder neuen Generation durchmischt die Natur die elterlichen Gene per Zufallsprinzip und bringt noch die eine oder andere Spontanmutation mit ein. Ob die zufällig zusammengewürfelten Genvarianten, die in jedem Menschen in einer noch nie dagewesenen Kombination aufeinandertreffen, gut zusammenarbeiten, ist dabei vollkommen ungewiss. Hinzu kommt, dass der Großteil aller spontan auftretenden Mutationen unvorteilhaft ist. Dieser Prozess hat rein gar nichts mit »intelligent design« zu tun, sondern arbeitet so zielgerichtet wie ein blinder Parkinson-Patient beim Dartspielen. Würde man es bei der Mutation und der zufälligen Durchmischung elterlicher Genome belassen, ginge es im Laufe der Generationen mit praktisch allen Eigenschaften bergab. Der »intelligente« Aspekt der Evolution, der die Aufräumarbeit macht, ist deshalb die natürliche Selektion. Sie ermöglicht es, dass unvorteilhafte Genvarianten auf lange Sicht aus dem Genpool verschwinden. Sie wissen schon, durch das »massenhaften Krepieren der schlecht Angepassten«. Allerdings klappt das nur begrenzt.

Im Gegensatz zu den meisten Säugetieren sind wir nicht in der Lage, körpereigenes Vitamin C zu produzieren. Grund dafür ist eine genetische Mutation, die vermutlich keinerlei Vorteil bietet, in der Vergangenheit jedoch zu unzähligen Toten durch Vitamin-C-Mangel geführt hat. Wenn der Mensch das Ebenbild Gottes ist, trinkt der Herrgott zum Frühstück hoffentlich brav seinen Orangensaft. Doch offensichtlich hätte es einen größeren Leichenberg gebraucht, um diese Mutation wieder aus unserem Genpool verschwinden zu lassen. Und was sollen eigentlich diese männlichen Brustwarzen? Wenn bei einem Radio nur jeder zweite Knopf funktioniert, gebe ich es zurück! Eine Absurdität, die der Körper erst nach 25 Jahren merkt und schamvoll versucht, die unnützen Nippel hinter einem Büschel Haare verschwinden zu lassen. Wir bezeichnen uns als die Krone der Schöpfung, dabei sind es die Schweine, bei denen ein Orgasmus 20 Minuten dauert. Ob sich eine Eigenschaft durch den evolutionären Prozess verbessert, hängt letztlich davon ab, ob genügend Leute, die eine unvorteilhaftere Genvariante tragen, sterben oder sich zumindest weniger erfolgreich fortpflanzen. Wir haben ein gutes Immunsystem, weil in der Vergangenheit genügend Menschen gestorben sind, die ein schlechtes hatten. Das Resultat ist wünschenswert, der »natürliche« Weg dorthin ist jedoch um ein Vielfaches grausamer, als man es bei einer gezielten Verbesserung des menschlichen Immunsystems jemals akzeptieren würde.

Die Evolution strebt nicht nach einem Optimum, sondern lediglich nach einem »gut genug angepasst, um viele Kinder in die Welt zu setzen, die selbst wiederum viele Kinder in die Welt setzen«. Sie hat kein zwingendes Interesse am Wohlergehen von Individuen, folgt keinem ethischen Kodex, sondern belohnt urteilslos alle Lebewesen mit dem Fortbestand ihres Genmaterials, wenn sie mehr Nachkommen zeugen als die Konkurrenz. Das ist einer der Gründe, warum es mit der menschlichen Gesundheit so rapide bergab geht, sobald das fortpflanzungsfreudige Alter überschritten ist. Genvarianten, die einen Vorteil im hohen Alter bringen, werden von der Evolution kaum bevorzugt. Für spätere Lebensphasen, in denen wir sexuell kaum noch aktiv oder gar unfruchtbar sind, greifen die Optimierungsmechanismen der Evolution nicht mehr. Selbst wenn Oma plötzlich ihr Rheuma los wäre und ihre Gelenke Stabhochsprung-tauglich würden, hätte das keinen Einfluss auf die Weitergabe ihrer Gene. Gegen Alterserscheinungen können die Mechanismen der Evolution deshalb nur wenig ausrichten – seien es Muskelschwund oder neurodegenerative Erkrankungen. Alterserscheinungen sind deshalb einer der Bereiche, in denen eine gezielte genetische Veränderung des Menschen eines Tages die Lücken des evolutionären Optimierungsprozesses füllen könnte.

Der Begriff »Krone der Schöpfung« täuscht vor, wir stünden am Ende eines brillanten Optimierungsprozesses. Das ist gleich doppelt falsch. Zum einen, weil wir uns nicht am Ende befinden, sondern mittendrin. Zum anderen, weil die genetischen Veränderungen, die von Natur aus auftreten, nicht brillant sind, sondern ungerichteter Zufall. Jeder Mensch kommt mit zufällig entstandenen Mutationen zur Welt, von denen die meisten neutral sind, manche problematisch und nur die allerwenigsten einen Vorteil bieten. Damit eine vom Menschen gezielt eingebrachte genetische Veränderung sinnvoller ist als eine natürlich aufgetretene, müsste sie gar nicht perfekt geplant sein. Es reicht, wenn sie bessere Chancen auf einen positiven Effekt hat als der blanke Zufall, der in der Genetik typischerweise einen negativen Effekt hat.

ERWACHSENE GENETISCH VERÄNDERN

Erwachsene haben den Vorteil, dass man sie im Gegensatz zu einer frisch befruchteten Eizelle fragen kann, ob sie überhaupt genetisch verändert werden möchten. Ein Nachteil hingegen ist, dass Erwachsene aus verdammt vielen Zellen bestehen. Ein ausgewachsener menschlicher Körper besteht aus über 30 Billionen davon. Wie soll man sich eine solche Zahl vorstellen? Wenn Sie 30 Billionen Seiten Papier ausdrucken und übereinander stapeln, würde der Stoß fast acht Mal von der Erde bis zum Mond reichen. Vier Mal, wenn Sie die Seiten doppelseitig bedrucken. Mit ein paar wenigen Ausnahmen beinhalten alle Ihre Zellen den gesamten Bauplan des menschlichen Körpers, niedergeschrieben auf einem jeweils 1,8 Meter langen, zusammengewickelten DNA-Faden. Diese

Erbinformation schwimmt aber nicht freizügig durch Ihre Zellen, sondern liegt gut verpackt in deren Zellkernen. Um die Erbinformation eines erwachsenen Menschen in seinem gesamten Körper zu verändern, müsste man deshalb einen Weg finden, eine genetische Sequenz zuverlässig und sicher in die Billionen von Zellkernen dieser Person einzubauen. Sie können sich vorstellen, dass das nicht einfach ist. Unser Körper hat wenig Interesse daran, jedes dahergelaufene Stück DNA in seinen Zellkernen herumpfuschen zu lassen. Im Gegenteil, Zellen sind bemüht, ihre DNA so gut als möglich vor äußeren Einflüssen zu schützen, inklusive fremder Erbinformation, die versucht, in sie einzudringen. Wie es sich anfühlt, wenn es fremder Erbinformation trotzdem gelingt, in Ihre Zellen zu gelangen, haben Sie mit Sicherheit bereits erlebt, sei es in Form von Schnupfen, Windpocken oder Herpesbläschen. Richtig erkannt, wir sprechen von Viren, den Meistern im Übertragen genetischer Information. Vereinfacht ausgedrückt besteht ein Virus hauptsächlich aus Erbinformation, die von einer Ummantelung umgeben ist. Diese Ummantelung unterscheidet sich stark zwischen den verschiedensten Virengattungen, dient neben dem Schutz der Erbinformation aber immer dem Zweck, an eine Zelle zu binden und die virale Erbinformation in diese Zelle zu schleusen. Dabei gehen manche Viren ähnlich vor wie ein Fettleibiger, der seine Cola in eine Cola-Light-Flasche füllt, um sie unbemerkt zum Monatstreffen der Weight Watchers schmuggeln zu können: Die Ummantelung gaukelt der Zelle vor, es handle sich um ein unbedenkliches Nährstoff-Transportvehikel, das ruhig hereingelassen werden darf. Geschickte Molekularbiologen nutzen diese Fähigkeit von Viren, Erbinformation in Zellen zu befördern, und verwenden sie als Transportvehikel, um gewünschte DNA in Lebewesen einzubringen. Dazu packen sie die Gensequenz, die sie übertragen möchten, in eine virale Ummantelung, und schon wird die Erbinformation von den Zellen freudig in Empfang genommen. Die gewöhnliche Viren-Erbinformation, die eventuell Krankheiten verursachen könnte, wird dabei vollständig oder zumindest größtenteils weggelassen. So entstehen Viren, die gewünschte DNA übertragen können, selbst aber nicht die Krankheiten hervorrufen, für die sie eigentlich bekannt sind. Wäre ja blöd, wenn man nach jeder genetischen Optimierung mit Schnupfen, Aids oder Herpes zu kämpfen hätte. Mithilfe geschickt hergestellter Viren ist es also durchaus möglich, Erbinformation gezielt in die Zellen erwachsener Menschen einzuschmuggeln.

Ist damit das Zeitalter beendet, in dem Viren so beliebt sind wie Hundekot in der Wiener Innenstadt? Kann ich mich endlich mit einem Vier-Arme-Gen infizieren, um mir selbst ein doppeltes Highfive zu geben? So einfach machen es uns die Viren leider nicht. Einige davon, die eigentlich hervorragend als Gen-Transportvehikel geeignet wären, alarmieren auch dann unser Immunsystem, wenn darin keine krankmachende Erbinformation vorhanden ist. Unsere Abwehrkräfte geben neu ankommenden Viren keinen Vertrauensvorschuss, in der Hoffnung, sie würden etwas Sinnvolles mit uns anstellen. Erkennt unser Immunsystem die Oberfläche eines Virus, das es mit Krankheiten in Verbindung bringt, wird dieses auch dann attackiert, wenn es eigentlich nur die besten Absichten verfolgt. Die resultierende Entzündung ist nicht nur schmerzhaft, sondern macht auch die Übertragung der gewünschten Erbinformation sehr ineffizient. Zum Glück haben nicht alle Viren dieses Problem, sogenannte Adeno-assoziierte Viren (AAV) beispielsweise werden von unserem Immunsystem häufig ignoriert. AAV sind deshalb besonders beliebt, um Gene in erwachsene Organismen einzubringen, obwohl sie so winzig sind, dass darin nur wenig DNA Platz findet und damit nur kurze Stückchen Erbinformation übertragen werden können. Eines der größten Hindernisse bei der Übertragung genetischer Information auf den gesamten Menschen ist jedoch, dass jedes Virus nur bestimmte Arten von Zellen befallen kann. Ein menschlicher Körper besteht allerdings aus über 200 verschiedenen Zelltypen. Kein Virus der Welt ist in der Lage, alle davon zu infizieren, und es ist auch keine Methode in Aussicht, die dazu imstande wäre. Einen erwachsenen Menschen vollständig genetisch zu verändern scheint deshalb nicht in Reichweite zu sein. Und selbst wenn man es könnte, würden sich viele der Eigenschaften, die man eventuell beeinflussen möchte, beim Erwachsenen nicht mehr ändern lassen. Selbst wenn man die entsprechenden Genvarianten einbringt. Der Grund dafür ist, dass viele Gene nicht durchgehend aktiv sind, sondern nur in bestimmten Phasen der Entwicklung. Mit dem Ende der Pubertät ist das Körperwachstum abgeschlossen und die Knochen haben ihre Fähigkeit, sich zu verlängern, dauerhaft verloren. Daran lässt sich rückwirkend durch keine Gen-Tricks etwas ändern, selbst wenn Sie mit 35 erkennen, dass eine Karriere als Profi-Basketballer doch lukrativer gewesen wäre als die des Solarienbetreibers in der großen Sandwüste von Bilma.

Wurden Sie also zu früh geboren, um von der genetischen Veränderung des Menschen profitieren zu können? Nicht notwendigerweise. Es sieht zwar nicht danach aus, als könnte man in naher Zukunft eine genetische Sequenz zuverlässig in sämtliche Zellen eines erwachsenen Körpers einbringen, aber für die Veränderung mancher Eigenschaften wäre das gar nicht notwendig.

DAS GOLDMAN-DILEMMA

Wären Sie bereit, eine Substanz zu nehmen, die Ihnen den Gewinn einer olympischen Goldmedaille garantiert, Sie aber innerhalb von 5 Jahren sterben lässt? Wenn Sie diese Frage mit »Ja« beantworten, führen Sie entweder ein unerträgliches Leben oder sind professioneller Leistungssportler. Der US-amerikanische Arzt Bob Goldman zeigte in mehreren Untersuchungen, dass etwa die Hälfte aller Hochleistungssportler bereit wäre, für die Garantie einer olympischen Goldmedaille ihr Leben innerhalb von fünf Jahren zu verlieren. Im Gegensatz dazu erklärte sich nur etwa 1 Prozent der Gesamtbevölkerung bereit, diesen Preis für herausragenden beruflichen Erfolg zu bezahlen. Aber auch das wären alleine in Österreich Zigtausende Menschen. Wobei klassische Wiener ohnehin mit »Ich geb dir 1000 Schilling, wennst mich gleich umbringst« geantwortet hätten.

Die Bereitschaft, für herausragenden Erfolg sogar einen baldigen Tod in Kauf zu nehmen, bezeichnet man als das Goldman-Dilemma. Es gilt als sportpsychologisch besonders gut belegt und wird häufig im Zusammenhang mit Gendoping erwähnt. Das Goldman-Dilemma zeigt, dass eine genetische Veränderung zur Leistungssteigerung nicht besonders sicher sein muss, damit sich zahlreiche Leute finden, die das Risiko in Kauf nehmen würden. Und bereits jetzt gibt es Leute, die versuchen, an solche genetischen Updates zu gelangen. Auf dem Computer von Thomas Springstein, der 2002 zu Deutschlands Leichtathletik-Trainer des Jahres gewählt wurde, fanden sich E-Mails, in denen er sich danach erkundigte, wo er das Gendopingmittel Repoxygen herbekommen könnte. Dabei handelt es sich um ein an Mäusen erprobtes Virus, das ein Gen namens *EPO* in Muskelzellen einbringen kann. Dort angekommen, produziert es Erythropoetin, was zu einer Zunahme der roten Blutkörperchen führt und damit die Sauerstoffversorgung des gesamten Körpers verbessert. Entwickelt wurde das Virus zur Behandlung von Blutarmut. Für Athleten könnte eine Infektion damit jedoch zu einer Steigerung der Ausdauer führen. Damit eine genetische Veränderung den ganzen Körper beeinflusst, muss also nicht zwangsläufig jede Zelle infiziert werden. In manchen Fällen reicht es auch, wenn die befallenen Zellen etwas ins Blut abgeben.

Auf diesem Prinzip basierte auch Glybera, das 2012 als erste Gentherapie in Europa zugelassen wurde. Sie bekämpfte eine genetisch bedingte Stoffwechselerkrankung, die zu lebensbedrohlich cremig-dickflüssigem Blut führt. Glybera bringt das korrigierte Gen mithilfe von Viren in die Beinmuskulatur von Menschen ein. Dazu werden die Viren durch Dutzende Injektionen in beide Oberschenkel injiziert, und das Immunsystem der Patienten wird vorübergehend unterdrückt, um zu verhindern, dass die Viren entsorgt werden, bevor sie ihren Job erledigt haben. Ist die Prozedur überstanden, bilden die Muskeln ein Protein, das sie ins Blut abgeben, woraufhin sich der Zustand der Patienten deutlich verbessert. Eine große Freude für die Betroffenen, die jedoch dadurch gemindert wird, dass eine einzelne Behandlung rund eine Million Euro kostet. Da ist eine Rezeptgebührenbefreiung nur ein schwacher Trost. Glybera wurde damit zur teuersten Medizin der Welt, und es hat bis 2016 gedauert, bis sich die erste zahlungswillige Patientin gefunden hatte. Sie blieb auch die letzte. Weil es sich kaum jemand leisten konnte, wurde Glybera mittlerweile wieder vom Markt genommen. Was bleibt, ist die Gewissheit, dass wir mittlerweile dazu in der Lage sind, Gensequenzen, die gewünschte Proteine ins Blut abgeben, sicher in die Muskulatur einzuschleusen.

INTELLIGENT DESIGN FÜR DEPPERTE

Ob Gendoping ein Phänomen der fernen Zukunft ist oder zumindest in der Welt des Sports bereits angekommen, kann niemand mit Sicherheit sagen. Mit regulären Doping-Tests lassen sich genetische Veränderungen zur Leistungssteigerung oftmals nicht nachweisen. Im Bodensatz diverser Internetforen schwärmen Hobby-Athleten von dicken Muskeln, für die kein Tropfen Schweiß fließen musste. Dabei beziehen sie sich häufig auf ein 2009 durchgeführtes Experiment, bei dem Forscher ein Follistatin-Gen in ein Virus packten und in den vorderen Oberschenkelmuskel von Makaken injizierten. Follistatin fördert den Muskelaufbau, indem es das muskelwachstumshemmende Protein Myostatin inaktiviert. Mehr Follistatin in den Muskelzellen führt deshalb zu verstärktem Muskelwachstum, selbst wenn Sie nur ins Fitnessstudio gehen, um sich dort in den Wandspiegeln zu bewundern, oder in Vollzeit Kartoffelchips fressend am Sofa sitzen. Glauben Sie aber bitte nicht, Sie könnten sich mit Muskel-Viren anstecken, indem Sie mit dem aufgepumptesten Muskelprotz der Kraftkammer herumschmusen. Das verwendete Virus ist nicht direkt übertragbar. Das Einzige, was Sie damit erreichen würden, wäre eine unangenehme Atmosphäre in der Sauna danach. Man verwendet dabei Viren, die oft keine nennenswerte Reaktion des Immunsystems hervorrufen. Sie sind in der Lage, Erbinformation in die Zellen von Lebewesen einzuschleusen, ohne dass sich die DNA dauerhaft und an zufälliger Stelle in das Genom einfügt. Stattdessen verbleibt die eingebrachte Gensequenz als separates Stückchen Erbinformation im Zellkern, was die sicherste aller Optionen ist. Auf diese Weise kann das Follistatin-Gen viele Jahre in den Zellen verweilen und die Muskeln dicker werden lassen. Auch bei den Makaken führten die Follistatin-Viren zu anhaltendem Muskelwachstum der Oberschenkel und zu einer ordentlichen Steigerung der Kraft. Nach nur 8 Wochen waren ihre Oberschenkel-Muskeln ohne jegliches Training bereits um 15 Prozent größer als die von nicht-infizierten Kontroll-Makaken. Negative gesundheitliche Auswirkungen fielen den Forschen dabei nicht auf.

Manche Muskeln sind populärer als andere. Zum Beispiel interessiert sich kaum jemand für das gezielte Training des *Musculus cremaster*, obwohl er die wichtige Aufgabe hat, im Bedarfsfall die Hoden nach oben zu ziehen. Dem steht der Bizeps gegenüber, dem so viel Anerkennung entgegengebracht wird, dass er oft als »der

Busen des Mannes« bezeichnet wird, oder gar als »das Tor zur Seele eines Pumpers«. Aber die wenigsten Menschen würden davon profitieren, nur einzelne Muskeln gezielt aufzublasen. Die Ausnahme bilden wie so oft leidenschaftliche Discopumper*. Und wer will sich schon eine Spritze in jeden einzelnen seiner mehr als 600 Muskeln antun? Praktischer wäre es, Viren nicht direkt in einzelne Muskeln injizieren zu müssen, sondern in die Blutbahn zu spritzen, von wo aus sie die gesamte Muskulatur des Körpers befallen. Bis vor wenigen Jahren ist das größtenteils gescheitert, weil Blut keine virenfreundliche Umgebung ist und die Virenpartikel nicht zuverlässig in den richtigen Zellen gelandet sind. Aber 2015 gelang es einer amerikanischen Gruppe erstmals, Viren in das Blutgefäß großer Säugetiere zu spritzen, die dann effektiv Gene in das Muskelgewebe des gesamten Körpers transportierten. Sie spritzten Billionen von speziell veränderten Viren in die Blutgefäße von drei jungen Hunden, die an einer Muskelschwunderkrankung litten. Die Viren enthielten die korrigierte Form der Gensequenz, die in den Hunden defekt war. Kaum waren die Viren verabreicht, begannen sie tatsächlich das gesamte Muskelsystem der Tiere zu infizieren und das Gen zu übertragen, ohne dass nennenswerte Nebenwirkungen aufgetreten wären. Damit legten die Forscher den Grundstein für die körperweite Genübertragung in die menschliche Muskulatur. Denn auf biologischer Ebene sind sich Hunde und Menschen erstaunlich ähnlich. Auch wenn die wenigsten von uns ihren eigenen Kot fressen und zumindest nüchtern nur selten dem eigenen Schwanz nachjagen.

Heutzutage ist es sehr einfach, DNA mithilfe von Viren in menschliche Zellen zu übertragen. Die Herausforderung besteht darin, diese Viren effektiv und sicher in die richtigen Zellen zu be-

* *Discopumper: Ein im Kraftsport verbreiteter Begriff für selbstverliebte Möchtegern-Athleten, die nur jene Muskelgruppen trainieren, die bei einem Discobesuch deutlich zu erkennen sind.*

kommen, ohne dass sie dort Schäden im Genom anrichten. Adeno-assoziierte Viren (AAV) gelten dabei als besonders sicher, und Muskelzellen sind hervorragende Ziele für die Genübertragung, weil sie leicht infizierbar sind und sich nicht mehr teilen. Außerdem sind Muskelzellen so gut durchblutet, dass sie leicht von Viren erreicht werden können, die man in die Blutbahn spritzt. Voraussichtlich wird die genetische Veränderung Erwachsener zu Beginn deshalb vor allem die Muskulatur betreffen, entweder um diese direkt zu verändern oder um die Muskelzellen dazu zu bringen, gewünschte Substanzen ins Blut abzugeben. Aber auch andere Zellen lassen sich befallen, indem man entweder die Ummantelung der AAV verändert oder ein gänzlich anders Virus wählt, wobei jedes Virus unterschiedliche Vor- und Nachteile hat. Um Viren zu effizienteren und sichereren Transportvehikeln zu machen, arbeitet man intensiv an ihrer Weiterentwicklung. Entweder durch die gezielte Veränderung der Ummantelung oder durch einen Prozess namens »gerichtete Evolution«, den ich gerne als »Intelligent Design für Depperte« bezeichne, weil sie erlaubt, eine Eigenschaft zu verbessern, ohne wissen zu müssen, welche Gene dafür verändert werden müssen. Dabei werden in mehreren Schritten immer wieder zufällige Genveränderungen der Viren herbeigeführt und stets die Viren weiterverwendet, deren Eigenschaften sich in eine gewünschte Richtung verändert haben. Diese geringfügig verbesserten Viren benutzt man dann für die nächste Runde an zufälligen Veränderungen und so weiter. Am Ende dieser gerichteten Evolution stehen optimierte Viren, deren Eigenschaften deutlich vorteilhafter für uns sind als die der Ausgangsviren. Mittlerweile gibt es AAV, die ihre genetische Information beispielsweise gezielt in die Leber einbringen können, in die Herzmuskulatur oder in das Nervensystem .

Die Viren, die derzeit entwickelt werden, dienen der Behandlung von bisher unheilbaren Krankheiten. Das stößt auf wenig

Widerstand, weil niemand einem Kranken sagen möchte, er möge sich doch bitte mit seinem Zustand abfinden. Aber wie steht es um Gesunde, die ihrer Biologie ein Upgrade verpassen möchten? Sobald sich ein Virus als Transportvehikel bewährt hat, ist es relativ einfach, die darin übertragene Gensequenz durch eine andere zu ersetzen. So wie es schwierig war, den Faschingskrapfen zu erfinden, es jedoch ein Kinderspiel ist, ihn mit Vanillepudding zu befüllen anstatt mit Marmelade.

Für welches der Viren aus dem Optimierungs-Menü würden Sie sich entscheiden? Wie wäre es mit dem Follistatin-Gen *FST*, um trotz Ihrer grauenhaften Lebensführung einen sexy Traumkörper zu bekommen? Oder hätten Sie gerne eine bessere Ausdauer, verfluchen jedoch das Universum, sobald Sie auch nur 15 Sekunden zum Bahnhof joggen müssen? Dann könnte das Ausdauer-steigernde Erythropoetin-Gen *EPO* Sie interessieren, sowie das alpha-Actinin 3 Gen *ACTN3*, das Ihre Sprint-Leistung verbessert. Geraten Sie oft in Schlägereien, weil Sie stets heroisch einschreiten, wenn Sie Unrecht beobachten? Oder sind Sie einfach ein unausstehliches Arschloch, das allen furchtbar auf die Nerven geht? Dann empfehle ich Ihnen massive, bruchfeste Knochen durch eine Version des *LRP5*-Gens. Natürlich bekommen Sie solche Viren nicht im Supermarkt. Und vermutlich wären die Nebenwirkungen so enorm, dass sie die gewünschten Effekte in den Schatten stellen. Aber Sie wissen ja, wie die Leute sind – es muss nur einer »Traust dich nie« sagen, und schon tun sie es trotzdem.

Die Herstellung solcher Gensequenzen zur Selbstoptimierung ist so einfach geworden, dass sich nihilistische Draufgänger kaum noch davon abhalten lassen, Versuche am eigenen Körper durchzuführen. Oder damit Geld zu verdienen. Eine genetische Sequenz, die ungehemmtes Muskelwachstum durch die Inaktivierung des Myostatin-Gens verspricht, bekommt man im Internet ab 20 Dollar. Wir leben in einer Zeit, in der man für das gleiche Geld entweder Gendoping im Internet bestellen kann oder sich eine große Pizza mit Salat und Cola gönnt. Der amerikanische Biohacker Josiah Zayner entschied sich gegen die Pizza und wurde zum ersten Menschen, der versucht hat, sein eigenes Genom gezielt zu verändern. Als Biohacker bezeichnet man nicht etwa Personen, die mit einer Spitzhacke ihren Gemüsegarten umgraben, sondern Leute, die versuchen, ihrer eigenen Biologie ein Upgrade zu verpassen. Zayner injizierte sich 2017 auf einer Konferenz die muskelwachstumsfördernde DNA-Sequenz in den linken Unterarm. Darauf folgte ein kurzer Applaus, und Zayner kippte sich erleichtert ein Gläschen Schnaps in den Rachen. Dass seine Aktion außer dem Medienrummel viel gebracht hat, ist unwahrscheinlich. Er machte sich ja nicht einmal die Mühe, die DNA vor der Injektion in ein Virus zu verpacken, wie es ein anständiger Biologe getan hätte. Dadurch ist die Aufnahme in die Muskulatur so ineffizient, dass es fraglich ist, ob er damit auch nur eine einzige seiner Zellen verändert hat. Trotzdem hat die Aktion anderen Biohackern in ihren Garagen-Labors Mut gemacht.

Dass etwas Sinnvolles dabei herauskommen kann, wenn Amateure in ihrem eigenen Genom herumpfuschen, glaube ich allerdings nicht. Unsere Erbinformation ist kompliziert. Sie ohne vernünftige Ausbildung optimieren zu wollen ist ähnlich arrogant wie die Behauptung, einen Helikopter verbessern zu können, ohne davor auch nur an einem Fahrrad herumgeschraubt zu haben. Im Fall der Biohacker ist es beruhigend zu wissen, dass ihre Versuche bei ihnen selbst enden und eventuell erfolgreiche genetische Veränderungen nicht an ihre Kinder weitervererbt würden. Dazu müssten nämlich gezielt die Vorläufer der Samen- oder Eizellen verändert werden, die man als Keimbahnzellen bezeichnet. Alle anderen Zellen des Körpers, deren Erbgut nicht an die Nachfahren weitergegeben wird, nennt man »somatische Zellen«. Das umfasst Muskeln, Nervengewebe und alles andere, was eben keine Geschlechtszellen bildet. Um den menschlichen Genpool müssen Sie sich vorerst deshalb keine Sorgen machen. Erst wenn Videos von Biohackern auftauchen, die sich eine Spritze in den Hoden geben. Aber wer tut sich das schon freiwillig an – besonders auf einer Konferenz vor laufender Kamera. Möchte man jedoch bewusst in die DNA seiner Nachfahren eingreifen und die Genetik der Folgegenerationen nachhaltig verändern, könnte man sich den Umweg über die Hodeninjektion sparen und direkt bei der nächsten Generation ansetzen. Und zwar zu einem Zeitpunkt, an dem die Unterscheidung zwischen Keimbahnzellen und somatischen Zellen nicht notwendig ist, weil sie sich noch gar nicht voneinander unterscheiden. Die Rede ist von der Veränderung mikroskopisch kleiner Embryonen.

EMBRYONEN GENETISCH VERÄNDERN

Das nächste Mal, wenn Ihnen eine schwangere Frau begegnet, drücken Sie ihr eine Packung Marlboro, eine Flasche Wodka und Contergan in die Hand und sagen »Feig«. Dieses elegante Experiment demonstriert zwei Phänomene zugleich.

Erstens: Wenn die flache Hand im richtigen Winkel auf das Gehörorgan klatscht, sind Ohrfeigen erstaunlich schmerzhaft.

Zweitens: Eltern sind bereit, alles in ihrer Macht Stehende zu tun, um den eigenen Nachwuchs mit den Eigenschaften auszustatten, die den Kindern ein möglichst gutes Leben in Aussicht stellen.

Hoch motivierte werdende Mütter beschallen ihren Winzling deshalb bereits im Mutterleib mit Mozart-Klängen, obwohl die besten Embryonen ohnehin lieber Slipknot hören. Bereits wenige Wochen nach der Geburt werden den Kleinen diverse Impfungen verabreicht, um ihre Chance auf ein Leben in bester Gesundheit zu erhöhen. Wer es sich leisten kann, steckt sie in teure Nachhilfekurse, um ihnen einen intellektuellen Vorteil zu verschaffen. Jede Chance, das eigene Kind mit den besten Karten fürs Leben auszustatten, wird wahrgenommen und lässt die Eltern als vorbildhaft dastehen. Vorausgesetzt, man verändert keine Gene! Sonst fällt das Wort Designerbaby, die Leute jagen einen mit Fackeln und Mistgabeln aus der Stadt und blockieren einen auf Twitter. Jeder konventionelle Versuch, das eigene Kind mit möglichst hoher Intelligenz, bestmöglicher Gesundheit und ausgeprägtem Einfühlungsvermögen auszustatten, gilt als wünschenswert. Doch obwohl wir heute wissen, dass diesen Eigenschaften eine ausgeprägte genetische Komponente zugrunde liegt, ist deren gezielte genetische Beeinflussung ein Tabu. Einer der Gründe dafür ist wohl, dass sich Filme wie »Gattaca«, in denen der Held gegen eine durch Gentechnik verschandelte Horror-Gesellschaft ankämpft, besser verkaufen als Filme, in denen sich dank genetischer Optimierung mehr Menschen bester Gesundheit erfreuen, während sie außerordentlich vernunftbegabt und einfühlsam sind.

Möchte man einen Embryo trotzdem genetisch verändern, hätte man ausreichend Spielraum. Das Praktische an frühen Embryonen ist, dass sie winzig klein sind und erst aus einer Handvoll Zellen bestehen. Es ist viel realistischer, das Erbgut dieses niedlichen Zellklumpens zuverlässig und präzise zu verändern als die vielen Billionen Zellen eines Erwachsenen. Außerdem hat sich bei einer frisch befruchteten Eizelle noch kein Immunsystem gebildet, das sich gegen die genetische Veränderung zur Wehr setzen könnte. Embryonen fordern es also geradezu heraus, genetisch verändert zu werden, weshalb man bereits seit vielen Jahren erfolgreich in das Genom von Versuchstieren eingreift, indem man deren Embryonalzellen verändert. Die erste gentechnische Veränderung eines Tieres fand bereits 1974 statt. Dabei wurde DNA mithilfe eines Virus in den frühen Embryo einer Maus eingebracht. Wir sind also bereits seit 45 Jahren in der Lage, in das Erbgut von Säugetieren einzugreifen. Weshalb sprechen Wissenschaftler dann erst seit kurzer Zeit so intensiv über die Möglichkeit, die DNA menschlicher Embryonen zu verändern? Vermutlich weil man vor wenigen Jahren damit begonnen hat, genau das zu machen.

CRISPR CRISPR KNÄUSCHEN

Ermöglicht wurde die effektive Veränderung von Embryonen durch die Entwicklung eines mächtigen Präzisions-Werkzeugs. Es arbeitet so genau und ist so einfach anzuwenden, dass sich Genetiker damit 2015 erstmals an die genetische Veränderung menschlicher Embryonen gewagt haben. Seither sind immer mehr Forschungsgruppen auf den Zug aufgesprungen. Vielleicht haben Sie bereits davon gehört, und falls nicht, hätten Sie es mit Sicherheit bald: die Genschere CRISPR/Cas9. Wissensdurstig, wie Sie sind, haben Sie dazu bestimmt gleich mehrere Fragen: »Was ist eine Genschere? Darf man die am Flughafen ins Handgepäck packen? Dürfen Designerbabys mit einer Genschere in der Hand laufen?« CRISPR/Cas9 (gesprochen *Krisper-Kas-nein*) ist eine Abkürzung für »Clustered Regularly Interspaced Short Palindromic Repeats/ CRISPR associated 9«. Das müssen Sie sich nicht merken, aber jetzt können Sie zumindest behaupten, Sie hätten es irgendwo einmal gelesen. Bei CRISPR handelt es sich um die jüngste Generation von Genscheren, die es erlauben, mit bisher nie dagewesener Leichtigkeit und Präzision gezielte Veränderungen im Erbgut herbeizuführen. Die CRISPR-Technologie entwickelt sich so rasant weiter, dass jede Forschungsarbeit, die momentan erscheint, im Grunde bereits mit altem Werkzeug arbeitet. Vergleichbar mit Smartphones, bei denen man sich das aktuelle Modell gar nicht kaufen möchte, weil zwei Wochen später ohnehin das nächste erscheint. Nur dass ein modernes iPhone in der Anschaffung tatsächlich teurer ist als ein CRISPR-Bausatz.

Um DNA gezielt zu verändern, arbeitet CRISPR mit zwei Komponenten: einer, die festlegt, an welcher Stelle die DNA verändert werden soll (gRNA), und einer, die an dieser Stelle eine Veränderung durchführt (Cas9). Bei der gRNA (guide RNA) handelt es sich um eine Art Lesezeichen, das nur an einer bestimmten Stelle im Genom binden kann. Sie besteht selbst aus einem kurzen Faden Erbinformation und beinhaltet eine 20 Buchstaben lange Sequenz, die man selbst wählen kann und somit festlegt, zu welcher Stelle im Genom sie passt. Mehr als an DNA binden kann die gRNA selbst nicht, weshalb es eine zweite Komponente braucht, um die DNA an dieser Stelle zu verändern: das Enzym Cas9. Cas9 hängt sich an die gRNA und wird von ihr an die Stelle der DNA geleitet, die verändert werden soll. Dort angekommen, schneidet Cas9 den DNA-Faden durch, womit die Bezeichnung »Genschere« geklärt wäre. Indem man eine passende gRNA wählt, kann man auf den Buchstaben genau festlegen, wo im Genom dieser Schnitt von Cas9 gemacht werden soll. So arbeitet die ursprüngliche Standardversion von CRISPR, die in der Lage ist, ein Gen auszuschalten. CRISPR kann aber auch genutzt werden um neue Gensequenzen einzufügen, indem man diese zusätzlich zur gRNA und Cas9 in eine Zelle einbringt. Neuere Versionen des CRISPR-Systems erlauben es sogar, Gene vorübergehend ein- oder auszuschalten oder einzelne

Buchstaben der DNA zu verändern, ohne dafür den Doppelstrang durchschneiden zu müssen. Man könnte sagen, CRISPR ist nicht nur ein Werkzeug, sondern ein ganzer Werkzeugkasten, der die anspruchsvolle Aufgabe der Genveränderung zu einem leicht erlernbaren Bauklotz-Spiel gemacht hat. Vor der Entwicklung von CRISPR musste für gezielte Genveränderung meist ein eigenes Protein zusammengebastelt werden. Das war enorm aufwendig und hat in manchen Fällen Jahre gedauert. Mit CRISPR schaffen Sie das innerhalb von wenigen Wochen. Der Harvard-Professor George Church, der entscheidend an der Entwicklung von CRISPR beteiligt war, fasste die Präzision von CRISPR Anfang 2017 so zusammen: »Mit einem guten Computerprogramm, das vorhersagt, wo im Genom man eine Veränderung durchführen sollte, bekommt man Fehlerraten, die niedriger sind als die spontane Mutationsrate. Das bedeutet, das Zeug, das einen aus der Luft trifft, ist schlimmer.« Damit meint er, dass Sonnenlicht, Radioaktivität, Schadstoffe und andere Dinge in unserer Umwelt pausenlos mehr unkontrollierte Veränderungen in unserer DNA hervorrufen, als gut designtes CRISPR es täte.

Alles, was notwendig ist, um ein CRISPR-Virus herzustellen, ist in detaillierten Protokollen beschrieben. Die sind so einfach zu befolgen wie ein Kochbuch, nur dass die Mengenangaben in Mikrogramm sind und Sie in wissenschaftlichen Protokollen selten Angaben finden wie »eine Prise« oder »zwischendurch abschmecken«. Das Einzige, was in diesen standardisierten Protokollen nicht beschrieben ist, ist die 20-Buchstaben-Sequenz der gRNA, weil diese davon abhängt, welches Gen Sie verändern möchten. Zum Glück können Sie diese ruckzuck selbst designen.

Nachdem ich Sie jetzt so lange mit Theorie gequält habe, wird es Zeit für ein wenig Hands-on-Arbeit. Stehen Sie auf, strecken Sie sich einmal kurz durch und marschieren Sie zu Ihrem Computer – wir designen jetzt eine CRISPR-Sequenz. Gehen Sie auf die Homepage http://chopchop.cbu.uib.no/. Die Seite heißt chop chop, weil es sich dabei um das Geräusch einer Genschere beim Schneiden handelt. Ich weiß, Humor wird in der Wissenschaft großgeschrieben. Geben Sie bei »Target« den Namen Ihres Lieblingsgens ein, beispielsweise »*MSTN*«, das Myostatin-Gen, das bei Funktionsverlust für ungebremstes Muskelwachstum sorgt. Danach klicken Sie auf »Find Target Sites!«. Gut gemacht, unter »Target sequence« sehen Sie nun ein paar mögliche Sequenzen für Ihre gRNA, geordnet nach deren Effizienz und Genauigkeit. Darüber sehen Sie eine Darstellung des Myostatin-Gens und welche der gRNAs an welcher Stelle schneiden würde. Das war's bereits, Sie könnten Ihre Lieblingssequenz nun bestellen und daraus mit ein paar anderen Zutaten, die sich in jedem gewöhnlichen Zellkultur-Labor finden, innerhalb von wenigen Wochen ein funktionsfähiges CRISPR-Virus basteln.

DIE GENSCHERE-EMBRYONEN SIND DA

Die Entwicklung von CRISPR hat die Möglichkeiten der Genetik dermaßen vorangetrieben, dass selbst übermotivierte Wissenschaftler auf Speed kaum mit den neusten Errungenschaften mithalten können. Erstmals veröffentlicht wurde die CRISPR-Technologie 2012. Damals wurde sie lediglich dazu verwendet, um DNA in Bakterien zu zerschneiden. Aber bereits 2013 erschien eine Forschungsarbeit, in der CRISPR dazu benutzt wurde, um in Mausembryonen mehrere Gene gleichzeitig zu verändern. Und 2015 war der große Moment gekommen. Chinesische Forscher wagten sich erstmals in der Wissenschaftsgeschichte an die genetische Veränderung menschlicher Embryonen. Die Forscher begannen ihre Arbeit im frühestmöglichen Entwicklungsstadium – mit einzelnen, frisch befruchteten Eizellen. Sie fragen sich vielleicht, wo man diese herbekommt. Üblicherweise bleiben bei künstlichen Befruchtungen ein paar befruchtete Eizellen übrig. In einigen Ländern darf man diese für die Forschung verwenden. In Österreich ist das nicht direkt erlaubt, allerdings darf man trotzdem an ihnen forschen, wenn man sie aus dem Ausland importiert. Zyniker würden sagen, dass es sich dabei um die einzige von der österreichischen Bundesregierung wirklich geförderte Integrationsmaßnahme handelt. Jede genetische Veränderung, die erfolgreich an einer befruchteten Eizelle durchgeführt wird, würde an alle Zellen des entstehenden Körpers weitergegeben werden. Die Forscher wollten eine Mutation korrigieren, die zu einer oftmals tödlich verlaufenden Bluterkrankung führt. Sie injizierten das CRISPR/Cas9-System in insgesamt 86 dieser Zellen und warteten zwei Tage lang, damit CRISPR in Ruhe seine Arbeit erledigen konnte. Nach dieser Zeit hatten sich die befruchteten Eizellen bereits mehrfach geteilt und waren zu winzigen Embryonen herangewachsen, die aus jeweils acht Zellen bestanden und von den Forschern untersucht wurden. Das Resultat ließ unter den Wissenschaftlern jedoch keine Partystimmung aufkommen. Niemand wurde auf den Schultern durch das Labor getragen und mit Konfetti beworfen, denn von den 86 Embryonen trugen nur vier die gewünschte Genveränderung, und selbst bei diesen war die genetische Modifikation nicht in allen Körperzellen erfolgreich. Außerdem entstanden zahlreiche unerwünschte Mutationen, weshalb man den Versuch getrost als wissenschaftlichen Griff ins Klo bezeichnen kann. Und nach all dem Ärger hatten die Forscher auch noch Probleme, eine Fachzeitschrift zu finden, die bereit war, ihre Arbeit abzudrucken. Die Veränderung menschlicher Embryonen ist so kontrovers, dass die großen Journale damit nichts zu tun haben wollten. Das ist bitter, denn die Qualität der Fachzeitschrift ist für den Forscher, was für den Proleten die Dicke der Goldkette ist. Sie bestimmt den Selbstwert und das Ansehen innerhalb der Community. Die beiden angesehensten Journale, *Science* und *Nature*, weigerten sich zum Teil aus ethischen Gründen, die Arbeit zu veröffentlichen. Stattdessen wurde sie in *Protein & Cell* abgedruckt. Das entspricht dem Unterschied zwischen einer Veröffentlichung als »Playmate des Monats« und einer Kleinanzeige im Kirchenblatt von Unterstinkenbrunn. Dabei hatten sich die Forscher viel Mühe gegeben, ethische Bedenken zu minimieren. Anstatt Eizellen mit jeweils einer Samenzelle zu befruchten, verwendeten sie welche, in die zwei Samenzellen eingedrungen waren. Die daraus entstehenden Embryonen können sich ein paar Tage lang normal entwickeln, sterben dann aber zwangsläufig ab. Sie hätten sich also unter keinen Umständen zu Menschen entwickeln können, selbst wenn man sie im Zuge einer künstlichen Befruchtung in Frauen implantiert hätte.

Obwohl genetisch veränderte Embryonen einen holprigen Start hatten, ließen sich andere Forschergruppen nicht von dem Versuch abhalten, es besser zu machen. Nicht zuletzt, weil CRISPR alle paar Monate neue Möglichkeiten zu bieten hat. Heutzutage wird auch in London oder den USA CRISPR-Forschung an Embryonen betrieben. Und bereits 2017 waren viele der Probleme, mit denen sich das chinesische Forschungsteam herumärgern musste, überwunden. Einem internationalen Forschungsteam ist es gelungen, eine Mutation in Embryonen zu korrigieren, die gewöhnlich zu einem krankhaft verdickten Herzmuskel führt. In allen der verwendeten Embryonen war die genetische Veränderung erfolgreich. Keine unerwünschten Genveränderungen waren nachweisbar, und alle Embryonen bis auf einen trugen die Veränderung in sämtlichen Zellen des Körpers. Interessanterweise wurde diese Arbeit in der angesehenen Fachzeitschrift *Nature* veröffentlicht, obwohl in diesem Fall gewöhnlich befruchtete Eizellen verwendet wurden, aus denen sich theoretisch Menschen hätten entwickeln können.

So richtig ernst wurde es jedoch am 25. November 2018. Überraschend verkündete der chinesische Biophysiker He Jiankui, die ersten genetisch veränderten CRISPR-Babys seien wenige Wochen zuvor bereits geboren worden. Und er selbst habe im Zuge einer künstlichen Befruchtung in ihrer DNA herumgeschnipselt.

Die Bekanntgabe erfolgte nicht mithilfe einer wissenschaftlichen Veröffentlichung oder durch einen Vortrag auf einer Fachkonferenz, sondern anhand eines von ihm hochgeladenen YouTube-Videos. Ein unübliches Vorgehen für ein historisch derart bedeutsames Ereignis. Man stelle sich vor, Außenminister Figl hätte die Unterzeichnung des österreichischen Staatsvertrages nicht mittels legendärer Balkon-Rede verlautbart, sondern lediglich »Österreich ist frei <3« getwittert. Oder Hitler hätte ein Selfie auf Instagram gestellt, um den Krieg mit Polen zu verkünden.

He behauptet, die anonym gehaltenen Zwillingsmädchen mit den Decknamen Nana und Lulu genetisch verändert zu haben. Er schaltete in ihnen ein Gen aus, dessen Name wie der eines aussortierten Roboters aus Star Wars klingt: *CCR5*. Das Gen spielt in menschlichen Immunzellen eine Rolle und wird von HIV, dem Auslöser von Aids, benötigt, um unsere Zellen zu befallen. Menschen mit defekten *CCR5*-Genen sind deshalb weitgehend immun gegen Aids. Als trügen sie ein fest verbautes, molekularbiologisches Präservativ. Das weiß man, weil etwa 1 Prozent der europäischen Bevölkerung einen natürlich auftretenden Defekt in beiden Versionen des *CCR5*-Gens trägt und vor den meisten HIV-Stämmen geschützt ist.

Von seinen Kollegen erntete He fast ausschließlich Kritik, denn eigentlich war man sich in Forscherkreisen darüber einig, dass es für einen solchen Eingriff noch zu früh sei. Außerdem ist es bitter, dass für die Designerbaby-Weltpremiere ein Gen gewählt wurde, für dessen Veränderung keine medizinische Notwendigkeit bestand. Es gibt sogar Hinweise darauf, dass ein defektes *CCR5*-Gen andere Viruserkrankungen wie Grippe oder West-Nil-Fieber verschlimmern kann. Noch dazu arbeitete He im Geheimen. Nicht einmal seiner Universität hatte er von dem Vorhaben erzählt, da ihm wohl bewusst war, dass man seine Arbeit verboten hätte.

Aus meiner Sicht liegt der eigentliche Skandal jedoch im katastrophal gewählten Zeitpunkt der Bekanntgabe. Kaum ist die finale Version meines Buchmanuskripts abgesegnet, kommt wenige Tage später irgend so ein Wissenschaftler mit den ersten Designerbabys daher. Ein bisschen Rücksicht hätte ich mir da schon erwartet. Zum jetzigen Zeitpunkt hat He seine Daten noch nicht veröffentlicht. Ich kann Ihnen also leider nicht mitteilen, wie erfolgreich der Eingriff war und welche Konsequenzen sich daraus ergeben werden. Aber ich denke, das ist gar nicht der entscheidende Punkt. Der Fall hat endgültig gezeigt, dass Eltern, die ihre Nachkommen genetisch verändern möchten, jemanden finden, der bereit ist, das zu tun. Und dass es sich dabei nicht um ein Großprojekt etablierter Forschungseinrichtungen handeln muss, sondern dass ein kleines Team an Wissenschaftlern, das auf eigene Faust handelt, vollkommen ausreicht.

CRISPR hat die Veränderung der menschlichen DNA so einfach gemacht, dass die technische Hürde so gut wie genommen zu sein scheint. Ein größeres Problem dürfte jedoch unser begrenztes Verständnis von unserem eigenen Genom darstellen. Gene sind keine funktionalen Einzelgänger, die brav aufgefädelt auf dem DNA-Faden nebeneinandersitzen wie mit Ritalin vollgepumpte Streber im Matheunterricht. Sie ähneln eher einer Klasse hormongesteuerter Pubertierender in der großen Pause, die von außen betrachtet wirken, als würden sie chaotisch durcheinanderlaufen, bei genauer Betrachtung aber genau zu wissen scheinen, mit wem sie interagieren möchten und mit wem lieber nicht. In unseren Zellen herrscht ein komplexes Interaktionsnetzwerk, in dem sich vieles gegenseitig reguliert und jedes Gen mit einer Vielzahl von anderen Zellbestandteilen in Kontakt tritt. Um die Auswirkungen einer Genveränderung abschätzen zu können, müssten wir lernen, dieses Chaos besser zu durchschauen. Sollten wir uns entscheiden, gezielt in das Genom von Menschen eingreifen zu wollen, wird es also weniger um die Frage gehen, ob wir Gene zuverlässig verändern können, sondern darum, was wir eigentlich verändern möchten.

WAS WOLLEN WIR OPTIMIEREN?

Die schlechte Nachricht zuerst: Egal, wie krampfhaft Sie versuchen, sich zu optimieren, sei es durch genetische Veränderung, Vitamin-Brausetabletten oder 16 Stunden Yoga pro Tag, letztlich werden auch Sie sterben. Das kann ganz schnell passieren, und niemand weiß, wann es einen erwischt. Vielleicht reicht es bereits, wenn Sie sich innerhalb eines Tages zweimal halb totlachen. Oder wenn Sie mit 9 Jahren kurz unachtsam sind und Muttis Faltencreme auftragen, die 10 Jahre jünger macht. Vor der finalen Tragödie gibt es kein Entkommen. Aber es wäre doch kein schlechter Anfang, wenn man das Leben etwas länger und angenehmer gestalten könnte und sich die Laune nicht von Ebola, Hepatitis und Tollwut verderben lassen müsste. Wie schön wäre doch die Welt, wenn sich sämtliche Viren mit einem Schlag vom Menschen fernhalten ließen. Eine Welt, in der einen Rotaviren nicht mehr zu explosivem Durchfall verleiten. In der man das Haus verlassen kann, ohne dass Mutti einem »Zieh dich warm an!« hinterherruft, weil Rhinoviren keinen Schnupfen mehr verursachen. Eine Welt, in der Genitalherpes und HIV keine Bedrohung mehr sind und das Schlimmste, was man sich beim Geschlechtsverkehr einfangen kann, ein Kind ist. Alleine das sollte ausreichen, um die meisten Bedenken bezüglich Designerbabys über Bord zu werfen.

Ein paar außerordentlich renommierte Genetiker, inklusive des zuvor erwähnten Harvard-Professors George Church, arbeiten an einem Projekt, das Viren eines Tages ihren Schrecken nehmen könnte. Es geht um die Erschaffung menschlicher Zellen, die von keinem Virus der Welt infiziert werden können. Die Produktion dieser ultrasicheren Zellen ist eines der Ziele von »Project Recode« und wäre ein Segen für Biotechnologie-Unternehmen, die zur Erzeugung von Medikamenten menschliche Zellen benötigen. Dabei macht George Church kein Geheimnis daraus, dass sich die Technologie theoretisch zur Herstellung vollkommen virenresistenter Menschen nutzen ließe. Damit das funktionieren kann, müsste man jedoch weite Teile des menschlichen Genoms radikal umschreiben und den Code des Lebens grundlegend verändern. Und zwar so, dass Viren unsere Zellen nicht mehr benutzen können, um ihre Proteine herzustellen. Die Erzeugung von Proteinen, umgangssprachlich auch Eiweiß genannt, ist eine der grundlegendsten Aufgaben von Zellen. Proteine selbst bestehen aus einzelnen Aminosäuren. Dabei legt jeweils eine Abfolge von drei DNA-Buchstaben fest, welche Aminosäure als Nächstes in ein Protein eingebaut werden soll. Zum Beispiel führt die DNA-Buchstabenabfolge GCC zur Bildung der Aminosäure Valin, AAG bildet Lysin und CGG bildet Arginin und so weiter. Steht auf der DNA also GCC AAG CGG, bilden Zellen daraus ein Protein, das mit den Aminosäuren Valin-Glycin-Arginin beginnt. Die Abfolge von drei DNA-Buchstaben, die festlegt, welche Aminosäure angehängt werden soll, bezeichnet man als »Codon«. Insgesamt lassen sich aus den vier Buchstaben der DNA (A, T, G, C) 64 verschiedene Codons bilden. Zur Herstellung der Proteine verwenden unsere Zellen jedoch bloß 20 verschiedene Aminosäuren. Aus diesem Grund können unsere Zellen für die meisten Aminosäuren verschiedene Codons verwenden, die jeweils zur gleichen Aminosäure führen. Die Aminosäure Glycin beispielsweise ist nicht nur durch das Codon GGC niedergeschrieben, sondern ebenso durch GGT, GGA und GGG. Das wäre eigentlich nicht notwendig. Ziel von Project Recode ist es, die überflüssigen Codons aus dem Genom zu verbannen, sodass für jede Aminosäure nur noch ein Codon zur Verfügung steht. Im Fall von Glycin könnte das bedeuten, GGC als auserwähltes Codon im Genom zu lassen und die anderen Glycin-formenden Codons (GGT, GGA und GGG) mit GGC zu überschreiben. Danach würde man der Zelle die Fähigkeit nehmen, die drei überschriebenen Codons ablesen zu können, sodass die Zelle Glycin nur noch als GGC lesen kann. Auf dieselbe Weise würde man auch mit den übrigen Aminosäuren verfahren, sodass man eine Zelle erhält, in der jede Aminosäure durch genau ein Codon niedergeschrieben ist.

Ich hoffe, das war nicht allzu verwirrend. Zusammenfassend kann man sagen, dass der genetische Code auf ein funktionales Minimum reduziert wird. Aber was hat das mit Viren zu tun? Ein Grund, warum die Plagegeister uns überhaupt befallen, ist, dass sie selbst keine Proteine herstellen können. Sie schmuggeln deshalb ihr Genom in unsere Zellen ein, damit wir ihre Proteine zusammenbasteln und daraus weitere Viruspartikel formen. Das funktioniert deshalb, weil alle Lebewesen und sogar Viren die gleichen Codons verwenden. Egal, ob man ein Mensch ist, ein Afrikanischer Ochsenfrosch oder ein Herpes-Virus, vor der Proteinsynthesemaschinerie der Zelle sind wir alle gleich. Gelangt Viren-Erbinformation, die mehrere Codons pro Aminosäure verwendet, in Zellen, die pro Aminosäure nur ein Codon verstehen, wäre die Erbinformation des Eindringlings deshalb vollkommen unlesbar. Dabei spielt es keine Rolle, ob es sich um ein harmloses Schnupfen-Virus handelt oder das schlimmste Killervirus, das die Welt je gesehen hat. Die Erbinformation wäre für die Zellen ohne Informationsgehalt, und die Viren hätten keine Chance, sich durch Evolution so radikal zu verändern, dass sie dagegen etwas ausrichten könnten. Ziel der Forscher ist es, die Zellen innerhalb der nächsten 10 Jahre herzustellen. Und weil damit der Punkt erreicht zu sein scheint, an dem eh schon alles egal ist, überlegen die rund 200 beteiligten Wissenschaftler, den Zellen auch gleich Resistenzen gegenüber Strahlung, Kälte, Krebs und Mechanismen der Zellalterung zu verpassen.

Wie ließen sich aus derartigen Zellen nun Menschen herstellen? Im Prinzip mit dem gewöhnlichen Klon-Verfahren, das bei Tieren bereits ziemlich gut funktioniert. Dabei wird das genetische Material einer Eizelle entnommen, die daraufhin mit dem Zellkern einer virusresistenten Zelle befruchtet wird. Das weitere Vorgehen würde sich nicht großartig von dem einer regulären künstlichen Befruchtung unterscheiden. Zwar müsste man in der Praxis ein paar zusätzliche Dinge berücksichtigen, die jedoch kein generelles Hindernis darstellen, wie George Church richtig andeutet.

Zugegeben, ein vernünftiges Impfprogramm ist wohl die sinnvollere Option, um Leute vor Virenerkrankungen zu schützen. Selbst die radikalsten Impfgegner wären wohl kaum bereit, diese Art von Designerbaby als Impf-Alternative in Erwägung zu ziehen. Und das, obwohl Impfgegner viel Routine im Treffen irrationaler Entscheidungen haben. Derzeit scheint niemand ernsthaft zu planen, tatsächlich auf diese Weise Menschen zu produzieren. Doch was würde es bedeuten, wenn es trotzdem jemand versucht? Würde einem eine Virus-Resistenz-Bescheinigung beim Aufreißen in der Disco einen unfairen Vorteil verschaffen? Könnten diese Menschen bei der Wiener Gebietskrankenkasse 25 Prozent Rabatt einfordern? Und wären sie geschützt vor den bösen Machenschaften von Bio-Terroristen? Es ließen sich durchaus Viren herstellen, die solche Menschen infizieren könnten, wenn man diese so designt, dass sie die gleichen Codons verwenden wie die Zellen dieser Menschen. Geschützt wäre man lediglich vor natürlich vorkommenden Viren. Das hat auch Vorteile, denn dadurch wäre es diesen Menschen trotzdem möglich, virale Gentherapien zu erhalten. Als Wermutstropfen bliebe ihre Unfähigkeit, mehrere Generationen an Nachkommen mit nicht-virusresistenten Menschen zu zeugen. Bei der Partnersuche hätten diese Leute deshalb solche Nachteile, dass sie die Virusresistenz nicht einmal richtig auskosten könnten.

DEN CODE DES LEBENS UMSCHREIBEN

Den Code des Lebens grundlegend umzuschreiben klingt utopisch, aber bereits 2013 wurde ein einzelnes Codon aus dem Genom eines Darmbakteriums entfernt, um es resistenter gegen Viren zu machen. Dazu wurden 321 Stellen der Bakterien-DNA verändert, an denen dieses Codon vorkam. Das war keine leichte Aufgabe, wirkt aber lächerlich in Anbetracht der mindestens 400 000 Genom-Veränderungen, die notwendig wären, um virusresistente Menschenzellen herzustellen. Selbst die schärfste Genschere der Welt wäre dazu momentan nicht imstande. Doch vielleicht ist das gar nicht notwendig. Wenn Sie einen Aufsatz Korrektur lesen und jedes zweite Wort verbessern müssten, würden Sie es vermutlich vorziehen, den Text von Grund auf neu zu schreiben. Genetikern geht es da nicht anders. Bevor sie versuchen, die DNA an Hunderttausenden Stellen zu verändern, generieren sie das Genom lieber ganz neu. Ein Vorhaben, das als man als »Genom-Komplettsynthese« bezeichnet und das eines der ambitioniertesten Ziele der synthetischen Biologie ist. Zwar ist es noch niemandem gelungen, ein menschliches Genom aus seinen Grundbausteinen nachzubauen, aber wir kommen diesem Ziel mit immer größeren Schritten näher.

Ein kleines Genom wurde sogar bereits erschaffen. 2008 bauten Forscher das Genom des Bakteriums *M. genitalium* zusammen. Wenn Sie den Namen sorgfältig gelesen haben, ahnen Sie bereits, dass es sich dabei nicht um irgendein Bakterium handelt. *M. genitalium* macht es sich gerne im menschlichen Genitaltrakt gemütlich und versorgt uns dort mit wunderbar juckenden Harnröhrenentzündungen. Dass sich die Forscher ausgerechnet für das Genom einer Geschlechtskrankheit entschieden haben, hat nichts mit einem frustrierten Sexualleben zu tun, sondern damit, dass *M. genitalium* das kleinste bekannte Genom aller Organismen hat, die sich selbstständig fortpflanzen können. Zwei Jahre später gelang es dieser Forschergruppe, ein von Grund auf künstlich hergestelltes Bakteriengenom in eine DNA-freie Zellhülle zu stecken, die daraufhin begann, sich zu vermehren und sich auch sonst so zu verhalten, wie man es von Bakterien eben erwartet.

Derzeit macht man große Fortschritte bei der Genom-Komplettsynthese von komplexeren Organismen wie Hefe, die auf molekularbiologischer Ebene viel näher an menschliche Zellen herankommen als Bakterien. Sobald wir in der Lage sind, das menschliche Genom komplett neu zu designen, macht es keinen Unterschied mehr, ob die Beeinflussung einer Eigenschaft eine einzelne Genom-Veränderung voraussetzt oder Hunderttausende.

WAS BEDEUTET »OPTIMIEREN« ÜBERHAUPT?

Derzeit konzentriert man sich bei der Erforschung möglicher genetischer Veränderungen vor allem auf die Bekämpfung unheilbarer Erbkrankheiten. Doch selbst dabei ist es nicht selbstverständlich, dass man immer von einer Optimierung sprechen kann. Nehmen wir wieder einmal George Church als Beispiel. Der bärtige Mann ist einer der visionärsten Genetiker unserer Zeit. Neben der Genom-Komplettsynthese arbeitet er an der Wiederbelebung des Wollhaarmammuts, der Züchtung von Schweinen, deren Organe bei Transplantationen nicht vom menschlichen Immunsystem abgestoßen werden, und ähnlich revolutionären Projekten. All das schafft Church, obwohl er an Narkolepsie leidet, einer Störung des Nervensystems, die man im Volksmund als »Schlafkrankheit« bezeichnet. Und nein, darunter leiden Sie nicht, nur weil Sie morgens nicht aufstehen wollen. Sie sind einfach faul. Church hingegen versucht, wann immer es ihm möglich ist, zu stehen und sein Gewicht hin und her zu verlagern, um ungewolltes Einschlafen zu vermeiden. Trotzdem ist der Anblick des tagsüber eingenickten George Church keine Seltenheit. Wie viel produktiver wäre der Genetiker wohl, hätte er nicht ständig gegen Müdigkeitsattacken anzukämpfen?

Eine irreführende Frage. Denn fast alle seine visionären Ideen und Lösungen für wissenschaftliche Probleme kamen Church entweder im Schlaf, Halbschlaf oder am Beginn oder Ende eines narkoleptischen Anfalls. »Ich habe 50 oder 60 Jahre gebraucht, um zu begreifen, dass meine Narkolepsie kein Defekt ist, sondern eine Fähigkeit«, sagte Church. Vermutlich kann es bei der Entwicklung außergewöhnlicher Ideen hilfreich sein, wenn sich das Gehirn in einem außergewöhnlichen Zustand befindet.

Church ist nicht das einzige Genie, bei dem man vermutet, dass Störungen des Nervensystems zu sinnvollen Resultaten geführt haben. Als Charles Darwin nach seiner Entdeckungsreise nach England zurückkehrte, litt er so sehr unter Panikstörungen und Angst vor weiten Plätzen, dass er den Rest seines Lebens als zurückgezogener Einsiedler verbrachte. Seine Unfähigkeit, am sozialen Leben teilzunehmen, erlaubte es ihm, all seine Zeit und Energie in die Entwicklung der Evolutionstheorie zu stecken. Die Briefe von Ludwig van Beethoven legen nahe, dass seine manisch-depressive Erkrankung seine kompositorische Kreativität eher beflügelte, als ihr im Weg zu stehen. Bitte verstehen Sie mich nicht falsch, ich möchte keinesfalls psychische Probleme verherrlichen. Für die meisten Menschen bedeuten sie vor allem Alltagsprobleme und Leid. Nur weil George Church durch Narkolepsie auf großartige Ideen kam, gilt das längst nicht für alle. Man darf nicht vergessen, dass Church ein Genie ist. Ein Trottel mit Narkolepsie hingegen ist lediglich ein schläfriger Trottel.

Insgesamt könnte es für eine Gesellschaft jedoch auch sinnvoll sein, wenn sie über eine hohe Neurodiversität verfügt. Das bedeutet, dass Gehirne vorhanden sind, die etwas anders arbeiten als die meisten anderen. Hochfunktionale Autisten, Menschen mit Zwangsstörungen oder ADHS könnten in manchen Bereichen gut darin sein, Lösungen zu finden, auf die andere nur schwer kommen. Bei welchem Zustand es sich dabei um den optimaleren handelt, ist deshalb schwer zu definieren. Für Church ist die Narkolepsie ein Preis, den er vermutlich gerne bereit ist zu zahlen. Aber auch abseits narkoleptischer Genies wird die Optimierung des Menschen dadurch erschwert, dass Eigenschaften nicht unabhängig voneinander sind und die Optimierung einer Eigenschaft oft ungeplante Auswirkungen auf andere Eigenschaften hat.

ALLES HAT SEINEN PREIS

Stellen Sie sich vor, Sie wären genetisch so verändert, dass Sie ein verbessertes Kurzzeitgedächtnis haben. Das klingt erst mal positiv, allerdings sind Leute mit hervorragendem Kurzzeitgedächtnis schneller gelangweilt, beispielsweise beim mehrmaligen Betrachten klassischer Gemälde oder beim Hören von Musik. Eine genetische Veränderung zur Optimierung des Kurzzeitgedächtnisses könnte also ebenso gut als Veränderung zugunsten schnellerer Langeweile bezeichnet werden. Wäre das jetzt eine Optimierung oder nicht? Aber vielleicht interessieren Sie sich nicht für Gedächtnisleistung und würden lieber Ihre Kreativität steigern, weil Sie in Ihrer Kindheit gemerkt haben, dass Ihre Mutter die hässlichen Buntstiftzeichnungen nur aus reiner Höflichkeit an den Kühlschrank klebte. In diesem Fall seien Sie sich bitte bewusst, dass mehrere Studien eine Verbindung zwischen Kreativität und einem erhöhten Risiko für psychische Erkrankungen nahelegen. Bereits vor 2000 Jahren schrieb der römische Philosoph Seneca der Jüngere: »Nie gab es einen großen Geist ohne eine Beimischung von Wahnsinn.« Eine naheliegende Aussage in einer Zeit, in der die klügsten Köpfe sich beim kollektiven Toilettenbesuch mit einem Gemeinschaftsschwamm abwischten.

Doch moderne Untersuchungen geben Seneca recht. Menschen, die von schwerer Schizophrenie oder bipolarer Störung betroffen sind, haben oftmals einen so großen Leidensdruck, dass sie selbst nicht viel Kreatives produzieren können. Doch die Dosis macht das Gift, und es könnte sein, dass »ein Hauch von psychischer Störung« die Kreativität tatsächlich beflügelt. Eine große Untersuchung hat gezeigt, dass Familienangehörige von Menschen mit Schizophrenie oder bipolarer Störung in kreativen Berufen überrepräsentiert sind – beispielsweise unter Schauspielern, Tänzern oder Musikern. Das könnte daran liegen, dass Familienangehörige der Patienten zwar ein paar der verantwortlichen Genvarianten teilen, allerdings nicht so viele, dass sich Schizophrenie oder bipolare Störung markant manifestieren würde. Andere Untersuchungen fanden einen direkteren Zusammenhang, indem sie nachwiesen, dass Menschen in kreativen Berufen häufiger DNA-Varianten aufweisen, die mit Schizophrenie oder bipolarer Störung assoziiert sind. Kreativität ist ein zweischneidiges Schwert. Sie basiert auf der Fähigkeit, Verbindungen zwischen Dingen herzustellen, auf die andere nicht kommen. Dabei bewegt man sich auf einem schmalen Grat zwischen funktionalem Meisterkünstler und Alu-Hut tragendem Verschwörungstheoretiker.

Derartige Kompromisse zwischen wünschenswerten und problematischen Eigenschaften könnten in der Genetik weitverbreitet sein. Bereits 1999 versuchten Forscher das Gedächtnis und die Lernfähigkeit von Mäusen zu verbessern, indem sie das Gen für eine Gehirnrezeptor-Untereinheit in die Tiere einbrachten. Die Intelligenz der Mäuse konnte dadurch tatsächlich gesteigert werden, allerdings wurden sie auch anfälliger gegenüber chronischem Schmerz. Der Versuch zeigte erstmals, dass sich die genetischen Grundlagen von Lernfähigkeit, Gedächtnisleistung und Schmerzempfinden zumindest teilweise überschneiden.

Mit Sicherheit sind viele Eigenschaften enger miteinander verbunden, als uns derzeit bewusst ist. Die Optimierung einer Eigenschaft wird deshalb oft unvermeidbare Veränderungen anderer Eigenschaften mit sich bringen. Schon alleine aus diesem Grund kann es so etwas wie ein optimales Genom nicht geben. Trotzdem lässt sich nicht abstreiten, dass manche Genvarianten im Leben hilfreicher sind als andere und Menschen von der Optimierung einzelner Eigenschaften profitieren könnten. Man sollte sich jedoch gut überlegen, auf welche Eigenschaften das zutrifft. Sie könnten beispielsweise die Version Ihres *ABCC11*-Gens, die für trockenen Ohrenschmalz verantwortlich ist, gegen die Version austauschen, die zu feuchtem Ohrenschmalz führt. Der Preis, den Sie dafür zahlen würden, wäre stärkerer Körpergeruch und ein schlechteres Ansprechen auf Chemotherapie. Ein Deal, so miserabel wie ein Handyvertrag von 1998. Es gibt nicht viele Eigenschaften, die durch ein einzelnes Gen bestimmt werden, und die wenigen, die es gibt, sind meist unspektakulär. Wen interessiert schon, ob Sie die Genvariante in sich tragen, die festlegt, ob Sie den Bitterstoff im Brokkoli schmecken können? Schmeckt doch so oder so nach aufgeweichtem Karton.

Die meisten Eigenschaften, die für eine Optimierung interessant wären, haben eine genetische Grundlage, die quer durch das Genom verstreut ist. Zum Beispiel eine Eigenschaft, die mich sehr betroffen macht, wenn ich an meine eigene Familiengeschichte denke: Haarausfall bei Männern fortgeschrittenen Alters. Bisher sind 71 Genregionen bekannt, die beeinflussen, ob Männern im Laufe ihres Lebens die Haare ausfallen. Und selbst durch diese 71 Genregionen lässt sich die Vererbbarkeit der Glatze nur zu 38 Prozent erklären. Da lohnt es sich erst gar nicht, die Genschere auszupacken. Wenn man es sich schon antun möchte, menschliche Eigenschaften aufwendig zu beeinflussen, sollte man sich dabei zumindest auf solche konzentrieren, die sich nicht durch das Tragen eines Hutes kaschieren lassen. Eigenschaften, die unser Leben grundlegender beeinflussen als Ohrenschmalzkonsistenz und die eine starke biologische Prägung aufweisen. Eigenschaften wie Persönlichkeit und Intelligenz.

Bevor wir uns jedoch an diese Themen wagen, möchte ich ein paar warnende Worte loswerden, um zu verhindern, dass Sie alle paar Seiten die Polizei rufen, um mich anzuzeigen. Ich bin Biologe. Als Biologe habe ich ein außerordentliches Interesse an dem Teil eines Phänomens, der biologische Ursachen hat. Insbesondere, wenn Genetik dabei eine Rolle spielt. Es könnte deshalb zum Beispiel passieren, dass ich schreibe, die unterschiedlichen Blutdruckwerte Erwachsener seien zu etwa 60 Prozent genetisch erklärbar. Schlimmer noch, ich könnte fortfahren und ausschweifend über diese 60 Prozent schreiben, während die nicht-genetisch bedingten 40 Prozent nur am Rande erwähnt werden. Interpretieren Sie das bitte nicht falsch. »Der Moder sagt, Blutdruck ist genetisch, man reiche mir die Leberwurst« ist keine angemessene Schlussfolgerung. Nur weil dieses Buch in manchen Bereichen den Fokus auf die genetischen Faktoren legt, bedeutet das nicht, dass andere Einflussfaktoren keine bedeutsame Rolle spielen.

Mag sein, dass Ihnen das egal ist, solange von Bluthochdruck die Rede ist. Sobald es jedoch um Themen wie Intelligenz und Persönlichkeit geht, ist die Vorstellung, es gäbe genetische Einflussfaktoren, für viele ein zuverlässiger Auslöser von Brechreiz und Shitstorm-Bedürfnissen. Ich denke, das kommt daher, dass die Behauptung, es gäbe genetische Einflussfaktoren, gerne gleichgesetzt wird mit der Aussage: »NUR DIE GENE ZÄHLEN, GEBT EUCH ERST GAR KEINE MÜHE, BIOLOGISCHER ESSENTIALISMUS 4EVER!!« Das ist natürlich ebenfalls keine angemessene Schlussfolgerung. Aber ganz ehrlich, was wollen Sie lieber hören? Zum fünfzigsten Mal, dass Erziehung wichtig für die Persönlichkeitsentwicklung ist und braves Lernen gut für die Intelligenz? Oder möchten Sie lieber den Teil der Geschichte erfahren, den Sie vermutlich noch nicht kennen?

INTELLIGENZ: URSACHEN UND NEBENWIRKUNGEN

Stellen Sie sich vor, Sie könnten sich aussuchen, als welches Tier Sie wiedergeboren werden. Wofür würden Sie sich entscheiden? Wären Sie gerne ein Vogel, um den Himmel zu erkunden und Unruhestiftern auf den Kopf zu kacken? Oder doch lieber ein Elefant, weil Ihnen während eines LSD-Trips bewusst wurde, wie wichtig es wäre, Dinge mit der Nase aufheben zu können? Ich respektiere Ihre naiven Wünsche, aber die beste Entscheidung wäre ohne Zweifel die Seescheide. Die Kaulquappen-ähnlichen Larven der Tiere haben simple Augen, Rückenmark und ein primitives Gehirn. Kaum sind sie geschlüpft, schwimmen sie durch die Weltmeere und suchen einen passenden Ort, um dauerhaft sesshaft zu werden. Dabei kann es sich um einen Schiffsrumpf handeln, einen Stein oder den Meeresboden, an den sich das Tier anheftet und nie mehr loslässt. In diesem Zustand haben Seescheiden jedoch keinerlei Verwendung mehr für ihr Gehirn. Sie bilden es deshalb einfach wieder zurück, indem sie es innerlich verdauen. Damit hat die Seescheide die Universallösung für sämtliche Probleme entwickelt, die man im Leben haben kann. Sollte einem alles zu blöd werden, lässt man sich einfach irgendwo nieder und das Gehirn allmählich verschwinden, ohne gleich tot umzufallen. Stress in der Arbeit? Kleben Sie sich frei von Gedanken in irgendeine Ecke. Keine Lust, für die Prüfung zu lernen? Weg mit dem Gehirn! Eigentlich sollte in jedem Meditationsseminar, in dem Freiheit von Gedanken als höchstes Ideal gepredigt wird, eine Seescheide als Schutzpatron stehen. Die Seescheide dient aber nicht bloß als spirituelles Vorbild. Sie veranschaulicht auch, dass wir nicht bloß denken, weil Gedanken so toll sind, sondern aus rein pragmatischen Überlebensgründen. Nichts könnte der Natur mehr egal sein, als die Frage, ob wir den Geheimnissen des Universums auf die Schliche kommen. Hauptsache, wir sind smart genug, um den Säbelzahntiger nicht in den Schwanz zu zwicken.

ERFOLGSGARANT SELBSTÜBERSCHÄTZUNG

Der Grund, warum wir uns so clever fühlen, ist, dass die anderen Lebewesen noch blöder sind als wir. Es ist verlockend, sich für schlau zu halten, wenn man Mitglied der Art ist, die zum Mond geflogen ist und das Higgs-Boson nachgewiesen hat. Aber wissen Sie persönlich überhaupt, wie eine Klospülung funktioniert? Im Ernst, nehmen Sie sich bitte ein paar Minuten Zeit, um darüber nachzudenken, oder besser noch, zeichnen Sie es auf. Lässt man Studienteilnehmer bewerten, wie gut sie die Funktionsweise von Gegenständen wie einer Klaviertaste, einer Nähmaschine, einem Fahrrad oder einer Toilettenspülung verstehen, stufen die meisten ihr Wissen als ziemlich gut ein. Fordert man sie jedoch auf, detailliert zu beschreiben, wie diese Dinge funktionieren, oder es gar aufzuzeichnen, wird den Teilnehmern bewusst, wie ahnungslos sie eigentlich sind, und sie stufen ihr Wissen niedriger ein als davor. Wer weiß, vielleicht ging die Aussage Sokrates' »Ich weiß, dass ich nichts weiß« ebenfalls auf den gescheiterten Versuch zurück, eine Klospülung zu malen.

In anderen Worten: Wir sind zu blöd, um die Welt um uns herum zu verstehen, aber das macht nichts, weil wir auch zu blöd sind, um zu erkennen, dass wir zu blöd sind. In der Forschung bezeichnet man dieses Phänomen als die »Illusion der Erklärtiefe« (aus dem Englischen ›Illusion of Explanatory Depth‹ – IOED). Aber wäre es nicht viel sinnvoller, wenn wir unser eigenes Können realistisch einschätzen würden? Nein. Zumindest wenn es nach dem amerikanischen Evolutionspsychologen Robert Trivers geht, der als Ikone auf dem Forschungsgebiet der Täuschung und Selbsttäuschung gilt. Lange Zeit waren Psychologen der Meinung, wir würden uns bloß deshalb überschätzen, um uns besser zu fühlen. Aber aus Sicht der Evolution ist es ziemlich egal, ob wir uns großartig finden oder nur so lala, was zählt, sind Vorteile beim Überleben und der Reproduktion. Trivers hatte eine andere Erklärung: Wir täuschen uns selbst, um besser darin zu werden, andere zu täuschen. Es kann nützlich sein, Menschen davon zu überzeugen, dass wir besonders toll sind. Aber bewusst zu lügen ist anstrengend, und die Gefahr, von anderen durchschaut zu werden, ist groß. Glauben wir aber selbst, besser zu sein, als wir eigentlich sind, fällt es uns leichter, auch andere davon zu überzeugen. Eine Studie konnte zeigen, dass Menschen, die sich selbst überschätzen, anderen gegenüber besonders kompetent erscheinen und höheres soziales Ansehen haben. Es kann deshalb durchaus sinnvoll sein, dass wir uns für intelligenter halten, als wir eigentlich sind.

INTELLIGENZ IST NICHT ALLES

Möchten wir uns aber nicht nur kompetent fühlen, sondern tatsächlich verstehen, wie die Welt um uns herum funktioniert, müssen wir bereit sein, unsere falschen Vorstellungen regelmäßig über Bord zu werfen. In der Wissenschaft bezeichnet man das als »Falsifizieren«, also das Überprüfen verschiedener Erklärungsmöglichkeiten und das Verwerfen derjenigen, die sich als falsch herausstellen. Anders ausgedrückt: Man muss die falschen Theorien sterben lassen, damit die richtigen sich durchsetzen können. Der österreichische Philosoph Sir Karl Popper, der als Vater des Falsifizierungs-Prinzips gilt, hat es radikal ausgedrückt: »Lasst Theorien sterben, nicht Menschen!« Gestorben ist er trotzdem. Hand aufs Herz, wann haben Sie das letzte Mal Ihre Meinung zu einem Thema grundlegend geändert, weil Sie mit besseren Argumenten konfrontiert wurden? Denken Sie wirklich darüber nach, es ist gar nicht einfach, ein Beispiel zu finden.

Das letzte Mal, als ich meine Meinung bewusst geändert habe, war das bezüglich Intelligenz. Ich war überzeugt, die Ergebnisse von Intelligenztests seien aussagelos, weil Intelligenztests nichts weiter messen würden, als wie gut man darin ist, Intelligenztests zu machen. Ich dachte, unsere Genetik hätte keinen nennenswerten Einfluss darauf, wie intelligent wir sind. Spricht man über das Thema Intelligenz, stößt man sehr häufig auf solche Aussagen. Aber sie stammen meist von Leuten, die sich entweder nicht ernsthaft mit Intelligenzforschung auseinandergesetzt haben oder sie aus ideologischen Gründen ablehnen. Möchte man aber wissen, ob sich die menschliche Intelligenz verbessern lässt, muss man zuallererst verstehen, was Intelligenz überhaupt ist, wie man sie zuverlässig messen kann und warum die Ergebnisse von Intelligenztests keineswegs ohne Aussagekraft sind.

Intelligenztests haben nicht den Zweck, den Wert eines Menschen auf eine Zahl zu reduzieren. Wenn ich Ihren Bizepsumfang messe, erkläre ich deshalb ja auch nicht alle anderen Ihrer Eigenschaften für irrelevant. Intelligenztests treffen vor allem eine Aussage darüber, wie schnell jemand eine komplizierte neue Aufgabe erlernen kann. Das ist im Leben sehr hilfreich, aus moralischer Sicht jedoch vollkommen neutral. Es gibt unzählige andere Eigenschaften, die man an einem Menschen wertschätzen kann und sollte: Courage, Weisheit, Tugend, Begeisterungsfähigkeit, Güte,

Humor und so weiter. Aber keine davon ist annähernd so gut untersucht wie Intelligenz, geschweige denn ihre biologischen Grundlagen. Trotzdem ranken sich um das Thema so viele Mythen, dass rund 80 Prozent der populärsten Psychologie-Einführungsbücher Falschaussagen zum Thema Intelligenz beinhalten, wie eine 2018 erschienene Untersuchung gezeigt hat. Wir aber stürzen uns jetzt auf die harten Fakten.

Bevor wir uns an ein so heikles Thema wie die Vermessung der Intelligenz wagen, sollten wir einen kurzen Moment innehalten und über ein Wort sprechen, das uns im Laufe dieses Buches öfters begegnen wird: Korrelation. Ohne sie wäre Statistik, wie wir sie heute kennen, nicht denkbar. Den meisten Menschen ist das Wort vermutlich bereits untergekommen, aber die wenigsten wissen, dass es von einem Mann stammt, der nicht nur als ein Ur-Vater der Statistik gilt, sondern auch als Begründer der Intelligenzforschung, der das Konzept der Korrelation zu exakt diesem Zweck entwickelt hat.

DIE ENTDECKUNG DER KORRELATION

In den 1880ern sah man den Naturforscher Francis Galton häufig durch die Straßen Großbritanniens ziehen, während er sämtlichen Frauen nachstarrte und dabei eifrig in seiner Hose herumfummelte. Für die Wissenschaft, versteht sich. In seiner Hosentasche befand sich eine Apparatur, durch die er festhalten konnte, welche Werte er den vorbeigehenden Frauen zuordnete – auf einer Schönheitsskala von attraktiv bis abstoßend. Nach Monaten der mühsamen Datenerhebung erstelle er daraus eine Schönheitskarte der Britischen Inseln. (Falls Sie mal in der Nähe sind: London landete auf Platz eins, Aberdeen bildet das Schlusslicht. Gern geschehen.) Eindrucksvoller lässt sich kaum veranschaulichen, dass die Vergabe von Forschungsgeldern damals wohl ausschließlich in männlichen Händen lag.

Galton versuchte mit großem Eifer alles zu vermessen, was sich irgendwie messen ließ. Regelmäßig besuchte er die Vorlesungen seiner Kollegen und notierte die Kopfneigungen der Studenten, um daraus abzuleiten, wer die langweiligsten Vorträge hält. Bei seinen Fachkollegen war er wohl ähnlich beliebt wie bei den Damen aus Aberdeen. Man hat den Eindruck, Galton hatte eine ungeheure wissenschaftliche Energie, ohne so recht zu wissen, was er damit anfangen soll. Das änderte sich jedoch schlagartig, als sein Halb-Cousin, Charles Darwin, sein Buch über die Evolutionstheorie veröffentlichte. Beim Lesen war Galton besonders von einem Beispiel Darwins fasziniert, in dem beschrieben wird, wie Landwirte die Eigenschaften von Nutztieren im Laufe der Zeit verbessert hatten. »Würde man auch nur ein Zwanzigstel der Kosten und Schmerzen, die man für die Verbesserung von Pferdezüchtungen und Rindern aufbringt, in die Verbesserung der Menschheit investieren, welch Galaxie voll Genies könnten wir erschaffen!«, schrieb Galton 1864 in einem Artikel. Er wurde besessen von der Idee, die menschliche Spezies durch bedachte Fortpflanzung optimieren zu können. Dazu wollte er herausfinden, was es ist, das einen Menschen an die Spitze der Gesellschaft aufsteigen lässt. Obwohl es sein größtes Interesse gewesen wäre, die Vererbbarkeit der Intelligenz zu untersuchen, war Galton bewusst, dass diese zu der Zeit kaum messbar war. Er konzentrierte sich deshalb vorerst auf die Vererbbarkeit körperlicher Eigenschaften wie Größe, die ebenfalls eine offensichtliche erbliche Komponente hatten. Dazu brauchte er eine mathematische Methode, um Dinge zu vergleichen, die nur vage in Zusammenhang miteinander stehen. Bis zu diesem Zeitpunkt konnte die Wissenschaft jedoch nur ziemlich direkte Zusammenhänge aus Ursache und Wirkung beschreiben, die man in der Natur aber nur selten findet, in der meist viele Faktoren in chaotischer Weise zusammenspielen. Galton entwickelte deshalb das Konzept der Korrelation, das die Beziehung zwischen zwei oder mehreren Messwerten repräsentiert, die zwar nicht direkt miteinander einhergehen, aber dennoch miteinander in Zusammenhang zu stehen scheinen. Korrelation erlaubte es ihm, eine Sache (die Größe eines Kindes) anhand einer anderen (die Größe der Eltern) annäherungsweise vorherzusagen und anzugeben, wie stark diese beiden Messwerte in Zusammenhang stehen. Galton entwickelte damit nicht nur ein Konzept, ohne das moderne Statistik kaum vorstellbar ist, er legte auch den Grundstein für die Erforschung der Vererbbarkeit komplexer menschlicher Eigenschaften.

Wie sehr zwei Messwerte miteinander einhergehen, lässt sich mit dem Korrelationskoeffizienten ›r‹ beschreiben. Besteht ein positiver Zusammenhang, liegt der r-Wert zwischen 0 und 1. Je perfekter die beiden Messwerte miteinander einhergehen, desto näher kommt r an den Wert 1 heran. Würde man beispielsweise pro Zentimeter Haarlänge exakt einen Milliliter Haarshampoo benötigen, wäre die Korrelation zwischen Haarlänge und Shampoo-Bedarf $r = 1$. Sind zwei Messwerte jedoch vollkommen unabhängig voneinander, würde $r = 0$ betragen, beispielsweise wenn man die Korrelation zwischen der ›Anzahl der Nasenhaare‹ und der ›Oberflächentemperatur der Sonne‹ berechnet. Je stärker zwei Messwerte miteinander korrelieren, sprich: je näher der r-Wert an 1 herankommt, desto höher ist die Wahrscheinlichkeit, dass ihnen eine oder mehrere gemeinsame Ursachen zugrunde liegen. Aufmagaziniert mit diesem Wissen, können wir uns nun der Intelligenzforschung widmen.

INTELLIGENZ – EINE DEFINITION

An dem Begriff »Intelligenz« wird häufig kritisiert, er sei so schwammig, dass es keine sinnvolle Definition dafür geben könne. Demnach wäre es unsinnig, Intelligenz messen zu wollen oder sie gar zwischen Menschen zu vergleichen. Aber wenn Sie ganz tief in sich gehen, werden Sie feststellen, dass auch Sie eine intuitive Definition von Intelligenz besitzen. Auch wenn Sie diese vielleicht nie konkret ausformuliert haben. Sie merken das daran, dass Sie durchaus in der Lage sind zu erkennen, wenn jemand weniger smart ist als Sie. Sollten Sie jemals in ihrem Leben jemanden als Trottel bezeichnet haben, geben Sie mir in diesem Punkt automatisch recht. Auf der anderen Seite beschimpfen Sie Leute, die mehr draufhaben als Sie, vermutlich gerne als Nerd, Streber oder Eierkopf, um Ihre eigene Idiotie als Tugend zu maskieren. Als Wiener finde ich die Vorstellung, Intelligenz durch den Gebrauch von Schimpfwörtern zu definieren, natürlich wünschenswert und legitim. Die meisten Wissenschaftler bevorzugen jedoch Definitionen, denen beim Aussprechen nicht die Gefahr einer Tracht Prügel innewohnt. Es gibt mehrere allgemein akzeptierte Definitionen von Intelligenz, unter Forschern ist jedoch die am verbreitetsten, die von der amerikanischen Intelligenzforscherin Linda Gottfredson stammt:

»Intelligenz ist eine sehr allgemeine geistige Kapazität, die – unter anderem – die Fähigkeit zum schlussfolgernden Denken, zum Planen, zur Problemlösung, zum abstrakten Denken, zum Verständnis komplexer Ideen, zum schnellen Lernen und zum Lernen aus Erfahrung umfasst. Es ist nicht reines Bücherwissen, keine enge akademische Spezialbegabung, keine Testerfahrung. Vielmehr reflektiert Intelligenz ein breiteres und tieferes Vermögen, unsere Umwelt zu verstehen, ›zu kapieren‹, ›Sinn in Dingen zu erkennen‹ oder ›herauszubekommen‹, was zu tun ist.«

Eine Definition, so elegant wie ein ungeschminkter Sack Kartoffeln. Aber es wäre auch überraschend, wenn etwas so Komplexes wie die menschliche Intelligenz sich in wenigen Worten angemessen beschreiben ließe. Wie also misst man etwas, das so vielschichtig zu sein scheint wie die menschliche Intelligenz? Spontan denken Sie vermutlich an einen klassischen IQ-Test. Und Sie haben recht!

DER IQ-TEST

Der Grund, warum man versucht, Intelligenz wissenschaftlich möglichst präzise zu erfassen, ist, weil sich der Lebenserfolg in vielen Bereichen mit kaum einem anderen einzelnen Messwert so gut vorhersagen lässt. Der deutsche Psychologe Detlef Rost bezeichnet Intelligenz deshalb zu Recht als das »am besten erforschte Merkmal der Psychologie«. Trotzdem wird Intelligenztests abseits der Forschung oft nachgesagt, unseriös und aussagelos zu sein. Das kommt daher, dass sich viele Dinge als Intelligenztest bezeichnen, die damit nichts zu tun haben. Das Ermitteln des klassischen Intelligenzquotienten (IQ) mithilfe eines seriösen Tests kann mehrere Stunden dauern und bedarf der Anwesenheit eines ausgebildeten Prüfers. Im Internet hingegen finden Sie eine Vielzahl an Tests, die behaupten, Ihren IQ zu ermitteln, indem Sie 10 Minuten lang irgendwelche Puzzles lösen. Das hat jedoch weniger mit einem seriösen Intelligenztest zu tun als mit dem »Welcher Backstreet Boy bist du?«-Test in der *Bravo*.

Ein seriöser IQ-Test funktioniert anders. Durch verschiedene Aufgabenstellungen wird die Leistungsfähigkeit in mehreren Bereichen abgeprüft. Klassischerweise handelt es sich dabei um logisches Denken, Sprachverständnis, Arbeitsgedächtnis, Verarbeitungsgeschwindigkeit und räumliches Denken. Die Testergebnisse sind dabei weitgehend unabhängig von der Tagesverfassung, denn Aufgabenstellungen, die bei mehreren Sitzungen sehr unterschiedliche Resultate liefern (r < 0,80 – für den Fall, dass Sie vorhin aufgepasst haben), werden nämlich nicht in standardisierte IQ-Tests aufgenommen. Macht man einen sogenannten adaptiven Test, passt sich die Schwierigkeit der Aufgaben laufend an die Leistung des Probanden an, um auszuloten, wo sich seine Leistungsgrenze befindet. Bei adaptiven Tests kommen einem die meisten Aufgaben deshalb sehr schwer oder gar nicht lösbar vor. Unabhängig davon, wie schlau man ist, fühlt man sich nach einem adaptiven Test deshalb zwangsweise wie ein Versager und ist nach der Auswertung der Resultate oft überrascht, doch kein kompletter Vollidiot zu sein. Lassen Sie sich also nicht entmutigen.

Hat man sämtliche Tests überstanden, kann der Prüfer damit beginnen, den IQ-Wert zu berechnen. Dazu werden die Ergebnisse der durchgeführten Tests aufsummiert und mit den Resultaten verglichen, die andere Menschen erzielt haben. Hier liegt ein entscheidender Unterschied zwischen den Resultaten von IQ-Tests und anderen Messgrößen. Intelligenz kann nicht als absoluter Wert angegeben werden, wie beispielsweise »fünf Liter Wasser«, sondern bezieht sich immer auf einen Vergleich mit den Testresultaten von Tausenden anderen Menschen. IQ-Tests zeigen, inwieweit man besser, schlechter oder gleich gut abschneidet wie der Durchschnitt, der als ein IQ-Wert von ›100‹ definiert ist. Rund 70 Prozent aller Leute fallen in den mittleren Bereich, mit IQ-Werten zwischen 85 und 115. Ab 130 gilt man als hochbegabt, was auf rund 2 Prozent der Bevölkerung zutrifft.

In diesem Bewertungssystem findet sich die Antwort auf den beliebten Vorwurf, IQ-Tests würden lediglich messen, was die Testentwickler für wichtig halten. Das würde stimmen, wenn die einzelnen Aufgaben willkürlich benotet würden wie eine Schularbeit. Bei einem Intelligenztest bekommen Sie aber eine große

Anzahl an Tests, die Ihre Leistungsgrenze bei den verschiedensten mentalen Aufgabenstellungen ausloten. Dabei werden für die gelösten Aufgaben nicht willkürlich Punkte vergeben, sondern Ihre Leistung wird mit der von zahlreichen anderen Menschen verglichen, die denselben Test gemacht haben. Ein IQ von 135 bedeutet deshalb nicht, dass die Testentwickler mit Ihren Ergebnissen besonders zufrieden wären, sondern dass Ihre Leistung besser war als die von 99 Prozent aller Leute, die den gleichen Test gemacht haben. Ab einem IQ von 146 haben Sie besser abgeschnitten als 99,9 Prozent aller Leute. Eine neutralere Beurteilung ist kaum vorstellbar.

Trotzdem kommt Ihnen an dieser Stelle vielleicht etwas merkwürdig vor. Wieso sollte man den IQ auf eine einzelne Zahl zusammenrechnen können, wenn doch verschiedene Bereiche der Intelligenz unabhängig voneinander getestet werden? Was ist mit Leuten, die ein hervorragendes Sprachverständnis haben, rasante Verarbeitungsgeschwindigkeit, ein massives Arbeitsgedächtnis, jedoch logisches und räumliches Denken nur vom Hörensagen kennen? Was ist mit Leuten, deren Gehirn beim Bestellen im Restaurant eine hervorragende verbale Leistung erbringt, jedoch sämtliche Funktionen einstellt, sobald die Rechnung geteilt werden soll? Der Einwand wäre berechtigt, wenn da nicht das wichtigste und am besten untersuchte Phänomen der Intelligenzforschung wäre: der g-Faktor.

DER G-FAKTOR DER INTELLIGENZ

Ein IQ-Test setzt sich aus vielen einzelnen Aufgabenstellungen zusammen, die scheinbar verschiedene geistige Fähigkeiten messen. Intuitiv könnte man annehmen, dass jeder Mensch dabei in manchen Bereichen besonders gut abschneidet, in anderen jedoch eher mies. Vielleicht kennen Sie jemanden, der eine herausragende Leitung beim geistigen Rotieren aufgemalter Objekte erbringt, dessen Sprachkompetenz aber wirkt, als würde Hodor von Game of Thrones mit Groot von den Avengers Dirty Talk machen. Es gibt solche Leute zwar wirklich, sie sind jedoch eher die Ausnahme. Das vermutlich wichtigste Fazit aus über einem Jahrhundert Intelligenzforschung ist Folgendes: Menschen, die in *einem* mentalen Test gut abschneiden, tendieren dazu, in *allen* gut abzuschneiden.

Das müsste nicht so sein. Es hätte sich ebenso herausstellen können, dass Menschen, die ein besonders gutes Arbeitsgedächtnis haben, dafür schlechter sind in logischem Denken. Oder dass schnelle Reaktionszeit auf Kosten guter Gedächtnisleistung geht. Oder dass all diese Intelligenz-Kategorien vollkommen unabhängig voneinander sind. Aber so ist es nicht, auch wenn sich die Anhänger alternativer Intelligenzmodelle das gewünscht hätten. Manche Forscher entwickeln sogar Intelligenztests, deren Aufgabenstellungen bewusst mit dem Ziel designt wurden, dass die Ergebnisse der einzelnen Test-Abschnitte in keinem Zusammenhang miteinander stehen sollten. Doch es ist ihnen nicht gelungen. Immer hat sich gezeigt, dass die Menschen, die in einer Intelligenzkategorie hervorragend abschneiden, tendenziell auch in den anderen überdurchschnittlich gute Leistungen erbringen. Logisches Denken, Sprachverständnis, Arbeitsgedächtnis, Verarbeitungsgeschwindigkeit, räumliches Denken – die Ergebnisse der einzelnen Tests korrelieren.

Es scheint, als gäbe es einen zugrunde liegenden Intelligenzfaktor, der in all diesen unterschiedlich erscheinenden Intelligenztests mitwirkt. Und so ist es auch. Man bezeichnet ihn als den Generalfaktor der Intelligenz, kurz g-Faktor. Es ist dieser allen Intelligenzkategorien zugrunde liegende g-Faktor, der dem IQ-Wert seine Aussagekraft verleiht. Zwar ist der IQ nicht dasselbe wie der g-Faktor, er ist jedoch eine gute Annäherung daran. Sprechen

Forscher über »Intelligenz«, meinen sie damit deshalb meist den g-Faktor oder die Ergebnisse von IQ-Tests, die Rückschlüsse auf den g-Faktor erlauben. Die Existenz eines aussagekräftigen g-Faktors ist eine der am besten belegten Erkenntnisse der psychologischen Forschung. Und obwohl es verschiedene Erklärungsmodelle gibt, weiß niemand so wirklich, was dem g-Faktor eigentlich zugrunde liegt und warum es ihn überhaupt gibt.

Aber was kann man sich darunter vorstellen? Ein Gedankenexperiment: Sie gehen in ein Fitnessstudio und fragen ein paar der Athleten, ob sie sich von Ihnen vermessen lassen würden. Die stimmen natürlich freudig zu, weil Fitnessstudio-Besucher sich über jede Form von Aufmerksamkeit freuen, ganz besonders, wenn man sie als Athleten bezeichnet. Zusätzlich vermessen Sie ein paar weniger trainierte Leute auf der Straße. Sie messen die Muskelkraft im Oberkörper, in den Beinen, die Lungenkapazität, den Body-Mass-Index (BMI), die Zeit beim 100-Meter-Sprint und so weiter. Dabei fällt Ihnen auf, dass die einzelnen Messwerte der Probanden nicht unabhängig voneinander sind. Sie korrelieren. Leute mit niedrigem BMI schaffen tendenziell mehr Liegestütze, laufen schneller und verfügen über höhere Lungenkapazität als Menschen mit hohem BMI. Leute, die 40 Liegestütze schaffen, werden eher in der Lage sein, einen Marathon zu laufen, als solche, die bereits beim ersten zusammenbrechen. Ihnen würde auffallen, dass Leute, die in einer Kategorie besonders gut abschneiden, tendenziell auch in den anderen überdurchschnittlich gut sind. Das kommt daher, dass den einzelnen Messwerten ein gemeinsamer Faktor zugrunde liegt: Fitness. Fitness ist nichts Konkretes, nichts Greifbares, und doch sagt sie etwas darüber aus, wie hoch wir springen, wie weit wir laufen und wie viel Gewicht wir über den Kopf stemmen können. Die Fitness lässt sich nicht durch einen einzelnen Test ermitteln. Misst man jedoch viele Leistungen, die damit zusammenhängen, ergibt sich aus dem Gesamtbild das, was wir als Fitness bezeichnen. Genauso verhält es sich mit dem g-Faktor, der den einzelnen Intelligenzkategorien zugrunde liegt. Wenn Sie möchten, können Sie sich den g-Faktor als die Gesamtfitness des Gehirns vorstellen. Als mentale Leistungsfähigkeit. Oder sagen Sie der Einfachheit halber schlicht Intelligenz.

WOZU EIGENTLICH INTELLIGENZFORSCHUNG?

Aber wozu erforscht man das Ganze? Damit irgendwelche Streber mit »Meiner ist größer als deiner« hausieren gehen können, wenn sie von ihren IQ-Werten sprechen? Oder haben die Ergebnisse von IQ-Tests tatsächlich eine Bedeutung für das weitere Leben? Würde es stimmen, dass Intelligenztests nichts weiter messen, als wie gut man darin ist, Intelligenztests zu machen, dürften ihre Ergebnisse in keinem klaren Zusammenhang mit dem weiteren Erfolg im Leben stehen. Das ist jedoch nicht der Fall. Hier ein paar besonders gut untersuchte Bereiche, in denen eine Korrelation zwischen IQ-Werten und Erfolg besteht:

Schulische Leistung: In einer der größten Untersuchungen zu dem Thema wurden die IQ-Werte von über 13 000 elfjährigen Schulkindern ermittelt und fünf Jahre später mit den Resultaten eines standardisierten Schultests verglichen. Dabei zeigte sich eine so starke Korrelation zwischen hohen IQ-Werten und guten Prüfungsleistungen, wie man sie in der psychologischen Forschung nur selten findet ($r = 0{,}81$). Mittlerweile existieren Hunderte Studien, die diesen Zusammenhang bestätigen.

Beruflicher Erfolg: Hohe IQ-Werte korrelieren mit besserer Leistung am Arbeitsplatz. Und zwar unabhängig davon, auf welche Weise die Leistung gemessen wird – sei es durch das Einkommen, Produktivität, Effizienz oder die Beurteilungen durch Vorgesetzte. Dabei ist der Zusammenhang zwischen IQ-Wert und

Leistung in komplizierten Berufen ausgeprägter als in eher einfachen.

Alltag: Vergleicht man Gruppen mit niedrigem IQ (75–90) mit Gruppen, die einen hohen IQ haben (110–125), zeigen sich unterschiedliche Risiken für verschiedenste Lebensereignisse. Die Wahrscheinlichkeit, die Highschool abzubrechen, ist in der Niedrig-IQ-Gruppe 133-mal höher. Menschen in dieser Gruppe haben ebenfalls ein 10-mal höheres Risiko, langfristig auf Sozialhilfe angewiesen zu sein, ein 7,5-mal höheres Risiko, im Gefängnis zu landen, und ein 6,2-fach höheres Risiko, in Armut zu leben. Auch Arbeitslosigkeit, die Chance auf Verkehrsunfälle und sogar Scheidungsraten sind in der Niedrig-IQ-Gruppe erhöht.

Gesundheit: Leute, die gut bei Intelligenztests abschneiden, treiben mehr Sport, ernähren sich besser und rauchen seltener. Sie leiden seltener an Herzerkrankungen, Übergewicht und Bluthochdruck. Menschen, die bei einem IQ-Test besonders schlecht abschnitten, hatten ein dreimal so hohes Risiko, innerhalb der nächsten 20 Jahre zu sterben, wie Leute in einer besonders gut abschneidenden Gruppe. Das zeigte eine Studie, an der beinahe eine Million Schweden teilgenommen hatten. Eine Übersichtsarbeit kam außerdem zu dem Schluss, dass ein Plus von 15 IQ-Punkten in der Kindheit das Risiko, in den Folgejahren zu sterben, um 24 Prozent reduziert. Daran änderte sich auch nichts, wenn die Forscher Faktoren wie den sozioökonomischen Hintergrund der Kinder herausrechneten.

Das Verhältnis zwischen den Ergebnissen eines Intelligenztests und all diesen Auswirkungen ist komplizierter, als es diese Liste vermuten lässt. Beispielsweise könnte nicht nur hohe Intelligenz zu besserer Gesundheit, sondern auch bessere Gesundheit zu höherer Intelligenz führen. Forscher wissen das und betreiben einen großen Aufwand, um alle denkbaren Faktoren zu berücksichtigen. Aber selbst wenn mögliche Einflüsse wie sozioökonomischer Status, Alter, Geschlecht etc. herausgerechnet werden, bleibt der Zusammenhang bestehen. Was vermutlich noch deutlicher für die Legitimität von Intelligenztests spricht, ist, dass ihre Ergebnisse mit Gehirneigenschaften wie der Dicke und der Stoffwechselrate der Großhirnrinde korrelieren. Erfahrene Tetris-Spieler sind nicht nur besser im Spielen, ihr Gehirn verbraucht dabei weniger Energie als das von Tetris-Neulingen. Das liegt daran, dass ihr Gehirn effizienter darin geworden ist, das Spiel zu meistern, und sich weniger anstrengen muss. Misst man die Gehirnaktivität von Menschen, während sie Intelligenztests machen, findet man ebenfalls Unterschiede im Energieverbrauch. Die Gehirne der Personen mit den besten Intelligenztest-Resultaten benötigen zum Lösen der Aufgaben weniger Energie als die Gehirne derjenigen, die schlechter abschneiden. Ihre Gehirne sind effizienter im Lösen komplexer Probleme und müssen sich dabei weniger anstrengen. Wären die Ergebnisse von Intelligenztests bedeutungslos, wäre das nicht der Fall.

All das kratzt nur an der Oberfläche des Phänomens der menschlichen Intelligenz. Mir ist bewusst, dass es dazu deutlich mehr zu sagen gäbe, aber mein Ziel war es, zwei Dinge zu vermitteln: Es gibt einen allgemeinen Faktor der Intelligenz (g-Faktor), der die Leistung bei sehr unterschiedlichen intellektuellen Herausforderungen beeinflusst. Moderne Intelligenztests versuchen diesen Faktor möglichst präzise zu ermitteln, und Erfolg, Gesundheit, sozioökonomischer Status und andere wichtige Bereiche des Lebens stehen damit in Zusammenhang.

Der Vollständigkeit halber möchte ich erwähnen, dass es einen Zusammenhang zwischen hoher Intelligenz und dem Tragen von Brillen zu geben scheint. Wenn Sie deshalb in die nächste Fielmann-Filiale laufen, im Glauben, durch den Erwerb einer Brille klüger zu werden, vergessen Sie bitte den vorherigen Satz – er dürfte Sie nicht betreffen. Für die Optimierung des Menschen ist Intelligenz eine besonders vielversprechende Eigenschaft. Kaum eine andere hat das Potenzial, das Leben in so vielen Bereichen gleichzeitig zu verbessern. Es fällt schwer, sich eine Situation vorzustellen, in der niedrige Intelligenz vorteilhafter wäre als hohe. Allenfalls auf einem Heavy-Metal-Konzert, weil es sich mit leichterem Kopf schneller headbangen lässt.

GENETISCHE EINFLÜSSE SIND NICHT BÖSE

Wenn über die Steigerung von Intelligenz gesprochen wird, dann meist ausschließlich in Zusammenhang mit Bildung und gezielter Förderung. Das ist nachvollziehbar, denn diese Faktoren lassen sich beeinflussen, die Genetik jedoch nicht. Bisher zumindest. Durch die nahende Fähigkeit, das Genom zu verändern, könnte der genetische Aspekt der Intelligenz jedoch nie dagewesene Relevanz erhalten.

Das Thema ist aber kein einfaches. Mit der genetischen Grundlage der Intelligenz verhält es sich wie mit dem 30-jährigen Sohn einer katholisch-konservativen Familie, der viel zu enge Hosen trägt und noch nie eine Freundin mit nach Hause gebracht hat: Jeder ahnt, dass da etwas unausgesprochen im Raum steht, aber niemand möchte derjenige sein, der es anspricht. Dass das Thema Genetik bei der Intelligenz-Diskussion gerne ausgespart wird, hat verständliche historische Gründe. Die Vergangenheit hat gezeigt, dass sich genügend Unsympathler finden, denen kein Gedankensprung zu blöd ist, um den eigenen Sexismus, Rassismus und andere problematische Ideologien zu rechtfertigen. Es ist deshalb nicht überraschend, dass Forschern oft schlechte Absichten unterstellt werden, wenn sie erwähnen, dass Intelligenz ebenso eine genetische Komponente hat wie vermutlich jede andere menschliche Eigenschaft auch. Ich bin jedoch überzeugt, dass es trotzdem keine gute Idee ist, das Thema zu ignorieren. Das beste Gegengift für die fragwürdigen Schlussfolgerungen bösartiger Menschen sind gute Leute, die sich besser auskennen. Anders ausgedrückt: Man sollte die Wahrheit niemals den Arschlöchern überlassen.

Der Philosoph Peter Singer hat das besonders schön formuliert. Wenn man seinen Glauben an gleiche Rechte für alle - und sein Eintreten gegen Rassismus, Sexismus und andere Formen der Diskriminierung - darauf aufbaut, dass es keine biologischen Unterschiede zwischen Menschen gibt, dann wird es einem schwerfallen herauszufinden, was zu tun ist, wenn eindeutige Belege für diese Unterschiede auftauchen. Mehr Sinn macht es, seine moralischen Prinzipien aus unerschütterlichen Grundsätzen wie einem Streben nach Chancengleichheit abzuleiten. Geht man davon aus, dass Intelligenz eine ausgeprägte genetische Komponente hat, muss man akzeptieren, dass es unzählige potenzielle Genies gibt, die nur deshalb nicht die Probleme der Welt in Angriff nehmen können, weil sie im falschen Land geboren wurden und damit beschäftigt sind, nicht zu verhungern. Einsteins IQ war bestimmt rekordverdächtig. Er entwickelte die Relativitätstheorie aber nicht, während er mit letzter Kraft die Körner auf einem vietnamesischen Reisfeld zusammenklaubte. Werden manche Menschen mit den Voraussetzungen für außergewöhnliche geistige Fähigkeiten geboren, sollten wir uns verantwortlich fühlen, dafür zu sorgen, dass diese Brillanz nicht aufgrund miserabler Umstände verloren geht – egal, wo auf der Welt.

DIE GENETISCHE GRUNDLAGE DER INTELLIGENZ

Die englische Sprache ist der deutschen so haushoch überlegen, dass es nicht verwundern sollte, wenn auf die deutschen Begriffe oft gänzlich verzichtet wird. Wie bitte soll man brillante Begriffe wie ›Walkie-Talkie‹ angemessen übersetzen? ›HANDFUNKSPRECHGERÄT‹ klingt viel zu holprig, und wenn Sie ›LAUFI-SPRECHI‹ sagen, können Sie sich gleich mit Ned Flanders in einen Raum sperren. Und wer hatte die grandiose Idee, ›butterflies‹, die zartesten aller Geschöpfe, als ›SCHMETTERLINGE‹ zu bezeichnen? Was sollen die bitte zerschmettern, etwa die bereits angeschlagenen Egos von weniger ästhetischen Fluginsekten?

Auch die ANLAGE-UMWELT-KONTROVERSE trägt im Englischen eine deutlich geschmeidigere Bezeichnung: ›Nature versus nurture‹. Geprägt wurde dieser Begriff von unserem alten Freund Francis Galton. Dabei geht es um die Frage, zu welchem Grad eine Eigenschaft durch die Umwelt geprägt ist und wie stark die genetischen Einflüsse sind. Was die Beantwortung der Frage so schwierig macht, ist, dass oft keine scharfe Grenze zwischen Umwelt und Genetik gezogen werden kann, weil beispielsweise die Umwelt Einfluss darauf nehmen kann, welche Gene aktiviert werden und welche eher ruhiggestellt. Trotzdem kann man eine grobe Unterscheidung treffen. Niemand wird abstreiten, dass die Augenfarbe stärker durch die Gene geprägt ist als beispielsweise die Leidenschaft fürs Briefmarkensammeln. Auch die Körpergröße hat eine offensichtliche genetische Komponente, kann jedoch durch Mangelernährung in der Kindheit von der Umwelt stark beeinflusst werden. Bei kaum einer menschlichen Eigenschaft wird angezweifelt, dass sowohl Umwelt als auch Veranlagung in unterschiedlichem Ausmaß Einfluss darauf nehmen. Doch sobald es um Intelligenz geht, wird der genetische Aspekt abseits der Forschung gerne ignoriert oder gar geleugnet. Dabei kann man ziemlich präzise abschätzen, wie viel Prozent der IQ-Unterschiede zwischen Menschen sich auf die Gene zurückführen lassen. Und dazu ist es nicht einmal notwendig zu wissen, welche Gene dafür verantwortlich sind. Alles, was man dazu braucht, sind eine simple mathematische Formel und sehr viele Zwillinge, die bereit sind, einen IQ-Test zu machen.

WAS UNS ZWILLINGE ÜBER INTELLIGENZ VERRATEN

Vermutlich ist Ihnen bekannt, dass es zwei Arten von Zwillingen gibt. Eineiige Zwillinge (EZ) und zweieiige Zwillinge (ZZ). Man kann davon ausgehen, dass sich das Leben von eineiigen Zwillingen kaum von dem unterscheidet, das zweieiige Zwillinge führen. Sie kommen zeitgleich zur Welt, haben dieselben Eltern, teilen sich dasselbe Zuhause und bekommen auch zu Mittag meist denselben Fraß aufgetischt. Die Umwelteinflüsse sind für EZ und ZZ deshalb so identisch, wie sie praktisch nur sein können. Auf genetischer Ebene unterscheiden sich die beiden Geschwistertypen jedoch sehr. Während das Genom von EZ annähernd zu 100 Prozent identisch ist, stimmt das von ZZ nur zu 50 Prozent überein. Für Forscher ist das ein gefundenes Fressen. Anhand von Zwillingsstudien können sie untersuchen, in welchem Ausmaß sich die unterschiedlichen Ausprägungen von Eigenschaften zwischen Menschen genetisch erklären lassen – und zwar von allen messbaren Eigenschaften, inklusive der Intelligenz.

Das funktioniert folgendermaßen. Geben Sie einer großen Anzahl an Zwillingen einen IQ-Test. Dann vergleichen Sie jeweils die Resultate von den Geschwistern miteinander. Sie werden feststellen, dass EZ, die genetisch zu 100 Prozent identisch sind, viel ähnlicher abschneiden als ZZ, die sich nur 50 Prozent ihres Genoms teilen. Da die Umweltbedingungen für Zwillinge weitgehend identisch sind, können Sie daraus berechnen, zu welchem Teil diese unterschiedlichen Testergebnisse auf das Konto der Gene gehen. Und zwar mit einer eleganten Formel. Vergessen Sie bitte $E = mc^2$, damit können Sie heutzutage niemanden mehr beeindrucken. Und spätestens wenn Sie gefragt werden, was das überhaupt bedeutet, wird es sowieso peinlich. Ich gebe Ihnen eine Formel, mit der Sie viel mehr Eindruck schinden können und die hilfreich ist, wenn Sie immer schon mal Zwillinge aufreißen wollten:

die Falconer-Formel $h^2 = 2\,(r_{EZ} - r_{ZZ})$

h^2 steht für die Vererbbarkeit, aus dem Englischen ›heritability‹.

r_{EZ} ist die Korrelation der IQ-Test-Ergebnisse zwischen eineiigen Geschwistern, wenn jeweils eine Person mit ihrem Co-Zwilling verglichen wird. Zur Wiederholung: Würden sämtliche eineiigen Geschwister mit ihrem Co-Zwilling jeweils die exakt gleichen Ergebnisse erzielen, wäre $r = 1$.

r_{ZZ} ist die Korrelation der IQ-Test-Ergebnisse zwischen zweieiigen Zwillingen.

Schon beim Einsetzen in die Formel würde Ihnen auffallen, dass die Testergebnisse der genetisch identischen EZ sich deutlich ähnlicher sind als die der genetisch unterschiedlichen ZZ. Rechnen wir das grob durch. Für EZ würden Sie eine Korrelation von etwa $r_{EZ} = 0{,}85$ erhalten. Das ist schon verdammt nahe an 1. Tatsächlich ähneln sich die Testergebnisse von EZ beinahe so sehr, als hätte dieselbe Person den Test zweimal durchgeführt. Vergleicht man die Ergebnisse von ZZ, fällt die Korrelation mit $r_{ZZ} = 0{,}60$ deutlich schwächer aus. Durch die Formel berechnen Sie die Differenz dieser beiden Werte und multiplizieren sie mit 2, da sich EZ genetisch doppelt so ähnlich sind wie ZZ. In diesem Fall würden Sie für die Vererbbarkeit den Wert $h^2 = 0{,}5$ erhalten.

Doch was bedeutet das? Eine Vererbbarkeit von 0,5 bedeutet in diesem Fall, dass sich die unterschiedlichen IQ-Werte von Menschen zu 50 Prozent durch ihre Gene erklären lassen. Das bedeutet NICHT, dass die Intelligenz eines einzelnen Menschen zu 50 Prozent genetisch bedingt ist! Hier muss man sehr vorsichtig sein. Man kann diese Methode beispielsweise auch anwenden, um den genetischen Einfluss auf den Body-Mass-Index zu testen, und würde eine Vererbbarkeit von etwa $h^2 = 0,7$ erhalten. Das bedeutet, dass 70 Prozent der BMI-Unterschiede in der Bevölkerung durch genetische Differenzen erklärbar sind, nicht aber, dass Sie als einzelner Mensch nur zu 30 Prozent für Ihr Hüftgold verantwortlich sind. Keine faulen Ausreden, das waren schon Ihre abendlichen Cordons bleus.

Bei der Intelligenz ist eine Vererbbarkeit von 50 Prozent ein durchaus üblicher Mittelwert, aber eine Sache gibt es noch zu berücksichtigen: das Alter. Mit zunehmendem Alter wächst nicht nur die Leidenschaft für Kreuzworträtsel, sondern auch der Einfluss unserer Gene auf die Intelligenz. Während die Vererbbarkeit bei Kindern nur etwa 20 Prozent beträgt, lassen sich die Intelligenzunterschiede zwischen Erwachsenen zu etwa 80 Prozent genetisch erklären.

Das klingt nicht besonders intuitiv, ist jedoch nicht so widersprüchlich, wie es anfangs scheint. Dass der genetische Anteil der Vererbbarkeit mit den Jahren zunimmt, könnte verschiedene Ursachen haben. Eine Möglichkeit ist, dass viele der Gene, die mit Intelligenz zu tun haben, erst in späteren Lebensabschnitten aktiv werden könnten. Nicht alle unserer Gene werden durchgehend abgelesen. Einige arbeiten nur, während wir Embryos sind, andere während der Pubertät, wieder andere erst im hohen Alter. Es könnte sein, dass die Vererbbarkeit der Intelligenz mit zunehmendem Alter deshalb steigt, weil einfach immer mehr der involvierten Gene ihre Funktion aufnehmen. Alternativ könnte es aber auch daran liegen, dass wir uns im Laufe unseres Lebens unsere Umgebung eher so zurechtbiegen, dass sie immer besser zu unseren genetischen Veranlagungen passt. Zum Beispiel indem Menschen mit hervorragendem räumlichen Denken eher Architekten werden, während Leute mit den Veranlagungen für großartiges Sprachverständnis eher als Dolmetscher arbeiten. Dadurch würden die Einflüsse von Genetik und Umwelt mit zunehmendem Alter immer mehr »verschmelzen«. Fast so, als würden uns die eigenen Gene in eine Richtung drängen, in der sie ihr Potenzial am besten entfalten können.

ADOPTIONSSTUDIEN UND GENETISCHE UNTERSUCHUNGEN

Dass die Vererbbarkeit der Intelligenz bis zu 80 Prozent beträgt, konnten zahlreiche Zwillingsstudien eindrucksvoll belegen. Doch diese Art der Untersuchung ist nicht unumstritten. Sie basiert auf der Annahme, dass EZ und ZZ weitgehend gleich behandelt werden. Das ist aber nur annäherungsweise der Fall, beispielsweise ziehen Eltern den genetisch identischen EZ häufiger das gleiche Gewand an, weil sie das offenbar süß finden. Außerdem verbringen EZ durchschnittlich mehr Zeit miteinander als ZZ. Könnte das mit ein Grund dafür sein, warum EZ bei Intelligenztests ähnlichere Ergebnisse erzielen? Auszuschließen wäre es nicht, allerdings gibt es noch andere Methoden, um die Vererbbarkeit von Eigenschaften zu testen, die ohne Zwillinge auskommen. Beispielsweise kann man den IQ von Adoptivkindern mit dem ihrer biologischen Eltern und dem der Adoptiveltern vergleichen. Dabei zeigt sich, dass die IQ-Werte der Kinder deutlich stärker von der Intelligenz ihrer biologischen Eltern abhängen, als vom IQ der Adoptiveltern – selbst wenn die Kinder mit ihren biologischen Eltern nach der Geburt niemals Kontakt hatten. Auch dieser Zusammenhang verstärkt sich mit fortschreitendem Alter der Kinder. Die IQ-Werte von Menschen hängen demnach weniger davon ab, wer sie wie aufzieht, als wer sie zur Welt bringt.

Wem Eltern-Kind Studien zu retro sind, kann sich einer neueren Technologie namens GCTA (Genome-wide complex trait analysis) bedienen, bei der die Vererbbarkeit einer Eigenschaft direkt aus der DNA einer großen Gruppe von Menschen abgeschätzt wird. Dabei wird in großem Maßstab verglichen, ob Ähnlichkeiten in der DNA der Menschen auch mit ähnlichen IQ-Test-Resultaten einhergehen. Auch dazu muss man nicht wissen, welche Gene für die Intelligenz verantwortlich sind.

Jede dieser Untersuchungsmethoden hat ihre Vor- und Nachteile. Aber egal, für welche man sich entscheidet, seien es Zwillingsstudien, Adoptionsstudien oder GCTA-Untersuchungen – sie alle kommen zu demselben Ergebnis: Wie unterschiedlich Menschen bei Intelligenztests abschneiden, ist zu einem großen Teil genetisch erklärbar. Und je älter man wird, desto stärker wird dieser Zusammenhang.

INTELLIGENZ UND CHANCENGLEICHHEIT

Viele finden die Vorstellung, Intelligenz würde einer ausgeprägten Verberbbarkeit unterliegen, ziemlich kacke. In der Forschung ist man sich diesbezüglich zwar längst einig geworden, aber bis vor 20–30 Jahren wollte man auch in der Psychologie nichts von genetischen Einflüssen auf die Intelligenz hören. In der Bevölkerung wurde diese Haltung bis heute weitgehend bewahrt. Das ist verständlich, immerhin erscheint es unfair, dass manche Menschen mit besseren Chancen auf hohe Intelligenz geboren werden als andere. Und das ist es auch! Ebenso ist es unfair, dass manche Menschen mit einem makellosen Hollywood-Gesicht zur Welt kommen, während es bei anderen so aufgedunsen ist, dass sie bestenfalls bei ›Titanic‹ mitspielen könnten – als Eisberg. Biologie ist nicht fair.

Aber gerade beim Thema Intelligenz sollten wir eigentlich froh sein, wenn möglichst hohe Werte für die Vererbbarkeit herauskommen. Denn sie können ein Hinweis darauf sein, dass es in einer Gesellschaft fair zugeht. Um das zu verstehen, erinnern wir uns noch einmal daran, was Vererbbarkeit eigentlich bedeutet. Sie beschreibt, in welchem Ausmaß sich die Unterschiede zwischen Menschen anhand ihrer Gene erklären lassen. Im Umkehrschluss beschreibt sie deshalb auch zwangsläufig, zu welchem Teil die Unterschiede zwischen Menschen durch ihre Umwelt erklärbar sind. Wachsen Menschen unter sehr unterschiedlichen Bedingungen auf, nimmt die Umwelt größeren Einfluss auf ihre Intelligenz-Unterschiede, als wenn alle gleich aufwüchsen. Unterschiede in der Umwelt beeinflussen deshalb die Vererbbarkeit. Stellen Sie sich eine hypothetische Welt vor, in der jeder Mensch in exakt der gleichen Umwelt aufwächst. Jedes Kind würde gleich gut gefördert werden, jeder hätte Zugang zu der gleichen Gesundheitsversorgung, alle Menschen würden in jeder Hinsicht dieselben Chancen genießen und auf die exakt gleiche Weise aufgezogen werden. In einer solchen Welt würde man für die Vererbbarkeit der Intelligenz einen extrem hohen Wert erwarten. Zwar würde man immer noch unterschiedliche IQ-Testergebnisse erhalten, doch ließen sich diese Unterschiede vollständig auf die Gene zurückführen, da die Umwelt ja identisch ist. Die Vererbbarkeit von Intelligenz innerhalb einer Bevölkerungsgruppe weist deshalb darauf hin, wie gleichwertig die Menschen in dieser Gesellschaft aufwachsen.

Das zeigt sich auch in Daten aus der echten Welt. In Ländern mit schlecht entwickelten Sozialsystemen, in denen große gesellschaftliche Unterschiede bestehen, zeigt sich bei Familien der oberen Gesellschaftsschicht eine höhere Vererbbarkeit der Intelligenz als bei Familien der unteren. Das dürfte daran liegen, dass Angehörige der oberen Gesellschaftsschicht ihre Umgebung ähnlicher gestalten können, während sich in unteren Gesellschaftsschichten die Umstände, in denen Menschen aufwachsen, stärker unterscheiden. Diesen Effekt findet man jedoch nicht in Regionen wie Westeuropa, in denen gut entwickelte Sozialsysteme existieren und alle Gesellschaftsschichten einen ähnlichen Zugang zu Bildung und Gesundheitsversorgung haben. Je fairer eine Gesellschaft ist, desto höhere Werte sind für die erbliche Komponente der Intelligenz zu erwarten. Es ist ein Indikator für Chancengleichheit. Seien wir deshalb froh über jeden einzelnen Prozentpunkt der Vererbbarkeit von Intelligenz.

SIND WIR ZU BLÖD, UM INTELLIGENZ-GENE ZU FINDEN?

Forscher betreiben seit Längerem einen enormen Aufwand, um der genetischen Grundlage der Intelligenz auf die Schliche zu kommen. »Die weitreichendsten Konsequenzen für die Wissenschaft, und vielleicht sogar für die Gesellschaft, werden aus der Identifizierung der Gene kommen, die für die Vererbbarkeit des g-Faktors verantwortlich sind«, schrieb Robert Plomin, einer der bedeutendsten amerikanischen Zwillingsforscher, im Jahre 1999. Und im Laufe der letzten Jahrzehnte wurden zahlreiche potenzielle Intelligenz-Genvarianten identifiziert, mit so klingenden Namen wie *KLOTHO* und *SNAP25*. Dabei gab es nur ein winziges Problem: Sie alle stellten sich als Blindgänger heraus. Als die Ergebnisse mit größeren Studien und den neueren Methoden der letzten 10 Jahre überprüft wurden, zeigte sich, dass diese einzelnen Genvarianten keinen nennenswerten Einfluss auf die Intelligenz hatten. Für die damaligen Intelligenzforscher war das eine harte Lektion, und vermutlich haben viele davon panisch gleich mehrere IQ-Tests gemacht, um sich trotzdem wieder klug zu fühlen.

Aber die Forschung hat daraus etwas Wichtiges gelernt: Intelligenz ist polygen. Das bedeutet, dass unsere Intelligenz nicht nennenswert von ein paar wenigen Genen beeinflusst wird, sondern von einer enormen Anzahl einzelner Genvarianten, die allesamt nur einen winzigen Bruchteil zur Vererbbarkeit beitragen. Es scheint keine herausstechenden »Intelligenz-Gene« zu geben – stattdessen ergibt sich der genetische Anteil durch die Summe von vielleicht Tausenden wild durch das Genom verstreuten Genvarianten. Bis vor Kurzem hatte man wenig Erfolg bei dem Versuch, die verantwortlichen Gene ausfindig zu machen. Ein Grund dafür ist, dass Genanalysen bisher teuer waren und man deshalb kaum Studien durchführen konnte, die groß genug waren, um die kleinen Effekte der einzelnen Genregionen nachzuweisen. Aber dank dem schnellen Sinken der DNA-Sequenzierungskosten und der steigenden Computer-Rechenleistung der letzten Jahre kommen Forscher diesem Ziel immer näher, und zwar mithilfe sogenannter genomweiter Assoziationsstudien (GWAS). Dabei misst man den IQ Tausender Menschen und entnimmt ihnen zusätzlich DNA-Proben, damit man testen kann, ob bestimmte IQ-Werte mit dem vermehrten Vorhandensein bestimmter Genvarianten einhergehen. Genau genommen suchen die Forscher nach sogenannten ›Single Nucleotide Polymorphisms‹ (SNPs – ausgesprochen als ›Snips‹). Dabei handelt es sich um einzelne Buchstaben der DNA, die sich zwischen Personen oftmals unterscheiden. Damit man mit dieser Methode irgendetwas finden kann, braucht man eine enorme Anzahl an Versuchsteilnehmern. In der bisher umfangreichsten GWAS wurden 2017 die IQ-Werte von über 78 000 Menschen mit deren Genomen verglichen. Das sind fast so viele Datensätze, als würde man halb Wien-Favoriten einem Intelligenztest unterziehen. Wobei man die Wiener Gemeindebezirke bei der Suche nach Intelligenz-Genen vielleicht nicht übermäßig priorisieren sollte. Insgesamt fanden die Forscher 336 SNPs, die mit erhöhter Intelligenz einhergingen. Sie befanden sich in 22 Genen, von denen einige bereits zuvor mit der Gehirnentwicklung in Verbindung gebracht wurden. Um zu überprüfen, ob die Resultate tatsächlich bedeutsam sind, untersuchten die Forscher anhand der DNA-Proben von 200 000 Menschen, ob diese 336 SNPs mit verschiedenen Lebensereignissen in Verbindung stehen, und fanden dabei eine starke Korrelation (r = 0,7) zwischen dem Vorhandensein der SNPs und dem erreichten Bildungsniveau. Außerdem zeigte sich ein leichter Zusammenhang mit dem Volumen des Schädelinneren, dem Kopfumfang im Kindesalter und der Wahrscheinlichkeit, Nichtraucher zu sein. So eindrucksvoll diese Ergebnisse auch sind, sie kratzen nur an der Oberfläche der genetischen Grundlage der Intelligenz. Insgesamt können diese SNPs nur 5 Prozent der Intelligenzunterschiede zwischen Menschen erklären. Wir wissen deshalb, dass es noch zahlreiche andere genetische Einflussfaktoren geben muss, die von der Studie nicht entdeckt wurden.

DNA-Tests zur Vorhersage der Intelligenz werden deshalb nahezu aussagelos bleiben, solange wir die genetische Grundlage nicht besser verstehen. Die bisher präziseste Vorhersage der Intelligenz mittels DNA-Proben gelang 2018. Dabei konnten 4–7 Prozent der gemessenen Intelligenz-Unterschiede zwischen Menschen auf Basis ihrer Gene vorhergesagt werden. Das ist ein netter Anfang, jedoch noch viel zu wenig und unpräzise, um irgendeinen praktischen Nutzen zu haben. Aber die systematische Suche nach der genetischen Grundlage der Intelligenz hat erst in den letzten Jahren richtig Fahrt aufgenommen. Und je mehr Menschen einen IQ-Test machen und bereit sind, ihr Genom zu entblößen, desto mehr dieser Einflussfaktoren werden Forscher identifizieren können.

Ich habe keine Zweifel daran, dass wir in 10 Jahren deutlich mehr über die genetische Grundlage der Intelligenz wissen werden als heute. Die Frage ist, was wir damit anfangen. Sobald wir eine große Anzahl der mit Intelligenz einhergehenden Genvarianten identifiziert haben, wäre es einfach, im Zuge einer künstlichen Befruchtung die Embryonen auszuwählen, die mit den besten Voraussetzungen für hohe Intelligenz und dem damit verbundenen Lebenserfolg ausgestattet sind. Besonders verlockend wäre das für Länder wie China, in denen man die Leistung der wenigen Kinder sehr ernst nimmt, ethische Bedenken hingegen als mentale Zierzeile betrachtet. Eine gezielte Beeinflussung der Intelligenz durch CRISPR dürfte hingegen schwierig werden, da es momentan nicht möglich ist, Hunderte Genveränderungen gleichzeitig herbeizuführen. Es ist jedoch nicht auszuschließen, dass vielleicht eine bestimmte Kombination einiger weniger Genvarianten bereits großen Einfluss auf die Intelligenz haben könnte. Auch das wird sich erst in den kommenden Jahren herausstellen.

Vielleicht ist es aber gar nicht notwendig, all die beteiligten Gene direkt zu verändern, um die biologische Grundlage der Intelligenz zu beeinflussen. Zwar werden immer mehr Genregionen, die mit Intelligenz zusammenhängen, identifiziert, jedoch haben wir bisher keine Ahnung, wie diese zusammenarbeiten. Es könnte sich herausstellen, dass viele dieser Gene in ein paar wenigen neurobiologischen Systemen aktiv sind. Anders ausgedrückt: Viele Gene könnten zu ein und demselben neurobiologischen Signalweg gehören. Wäre das der Fall, müsste man zur Optimierung nicht zwangsläufig all die beteiligten Gene verändern, sondern könnte darauf abzielen, den Signalweg direkt zu beeinflussen. Man muss deshalb nicht notwendigerweise bei den Genen ansetzen, um Einfluss auf die biologische Grundlage der Intelligenz nehmen zu können. Und mittlerweile werden mehrere Methoden untersucht, die genau das zum Ziel haben. Manche davon konzentrieren sich auf konservatives Tablettenschlucken. Andere arbeiten mit simplen, häufig jedoch längst widerlegten Verhaltenstipps, und wieder andere experimentieren mit futuristisch anmutenden, aber tatsächlich vielversprechend wirkenden Eingriffen mittels Magnetfeldern und Stromimpulsen.

WIE WIRD MAN WENIGER DUMM?

Bevor wir uns weiter auf die Frage stürzen, wie sich Intelligenz steigern lässt (und wie nicht), sollten wir uns ein paar Gedanken darüber machen, ob wir das überhaupt möchten. Klar, IQ korreliert mit Gesundheit, Einkommen, sozialem Status und anderen netten Dingen. Aber wenn wir von Netflix irgendetwas gelernt haben, dann wohl, dass Typen wie Sheldon Cooper zwar wahnsinnig gut im Lösen von Integralgleichungen sind, sich im Umgang mit den Ladys jedoch so kompetent anstellen wie ein Bettlägeriger beim Volleyball. Könnte an dem Klischee etwas dran sein, dass hohe Intelligenz auf Kosten sozialer Fähigkeiten geht? Nicht dass man wüsste. Entgegen dem beliebten Vorurteil korreliert Intelligenz nicht damit, wie verträglich oder extrovertiert jemand ist. Problematisch wird es erst, wenn Sie beides ins Extrem treiben und sowohl ein intellektueller Übermensch als auch eine anerkannte Sexmaschine sein möchten. Es scheint nämlich einen intellektuellen Sweet Spot zu geben, der besonders anziehend wirkt.

Menschen die sich zu außerordentlich hohem Intellekt hingezogen fühlen, bezeichnen sich oft als sapiosexuell (*sapere* ist Lateinisch für ›wissen‹). Auf wie viele Menschen das zutrifft, versuchte eine 2018 erschienene Studie herauszufinden. Dabei mussten die Probanden Fragen auf einer Skala von ›extrem unattraktiv‹ bis ›extrem attraktiv ‹ beantworten. Beispielsweise »Wie interessiert wären Sie an einem Partner, wenn Sie herausfinden, dass seine/ihre Intelligenz höher ist als die von 75 Prozent der Bevölkerung, 90 Prozent der Bevölkerung, 99 Prozent der Bevölkerung und so weiter?«. Dabei kam heraus, dass eine Intelligenz, die einen zu den klügsten 10 Prozent der Bevölkerung zählen lässt, am anziehendsten wirkt. Das entspricht einem IQ ab 120. Gehört man jedoch zu dem intelligentesten 1 Prozent, wird das als weniger attraktiv bewertet, was ab einem IQ von 135 der Fall wäre. Der Partner darf also ruhig smart sein, aber bitte nicht zu smart. Vielleicht hat das einen ähnlichen Grund wie die oft gehörte Aussage »Ich möchte einen Partner, der durchtrainiert ist, aber nicht so durchtrainiert, dass ich daneben fett aussehe«. Vielleicht liegt es aber auch daran, dass Text-Fragebögen suboptimale Mittel sind, um Attraktivität beurteilen zu lassen. Aber es wurde noch etwas anderes gemessen, das eine zuverlässigere Aussage erlaubt. Die Versuchsteilnehmer mussten selbst einen Intelligenztest machen. Dadurch konnte man zeigen, dass die tatsächliche Intelligenz einer Person keinen Einfluss darauf hat, inwiefern sie sich als sapiosexuell empfindet. Ob Sie besonders hohe Intelligenz anziehend finden, steht demnach in keinem Zusammenhang damit, ob Sie den IQ von Einstein haben oder den einer Kartoffel.

Es ist wenig überraschend, dass Intelligenz bei der Partnerwahl einen hohen Stellenwert einnimmt, bedenkt man die großzügigere Berufsauswahl, die besseren Chancen auf hohes Einkommen und die damit verbundenen Ressourcen für die gemeinsame Lebensplanung. Insgesamt war die Anzahl der Frauen, die sich zu hohem IQ hingezogen fühlten, etwas höher als die der Männer. Das könnte evolutionäre Grunde haben. Der Evolutionspsychologe Geoffrey Miller wies in einer Studie nach, dass IQ-Werte von Männern mit ihrer Spermienqualität korrelieren. Die Korrelation war schwach, aber es zeigte sich der Trend, dass die Spermien von Männern mit hohem IQ nicht nur höher konzentriert waren, sondern auch beweglicher. Miller stellte deshalb die These auf, dass hohe Intelligenz bei Männern möglicherweise für Frauen gute Gene signalisieren könnte. Das ist ziemlich spekulativ, aber lassen Sie es doch auf den Versuch ankommen. Das nächste Mal, wenn Sie eine Dame an die Bar einladen, klatschen Sie Papier und Bleistift auf die Theke und lösen eine Matrizengleichung, während Sie ihr mit verschmitztem Lächeln »Beste Samenqualität der Stadt, Baby« ins Ohr flüstern.

Dass Frauen bei der Partnerwahl mehr Wert auf den Bildungsabschluss des Partners legen als Männer, könnte zum Problem werden, meint Arne Kahlke, der ehemalige Chef von Parship und Elitepartner. Laut ihm wird die Ressource ›gebildeter Mann‹ auf Dating-Plattformen allmählich knapp, weil es seit etwa zehn Jahren mehr Uni-Absolventinnen als -Absolventen gibt, gebildete Frauen aber häufig Partner möchten, die genauso oder höher gebildet sind als sie selbst. Wenn Sie ein Mann sind und bessere Berufsaussichten nicht genügend Motivation darstellen, um für eine Prüfung zu lernen, sehen Sie es als Steigerung Ihrer Chance, endlich Tinder durchzuspielen.

Außerdem ist Bildung einer der Faktoren, durch die sich der IQ-Wert langfristig steigern lässt. »Toll«, denken Sie jetzt, »ich habe für ein Buch bezahlt, um zu erfahren, dass Schule schlau macht. Das habe ich bereits bei der ›Sendung mit der Maus‹ gecheckt.« Doch so selbstverständlich ist das nicht! Es ist zwar schon lange bekannt, dass Leute, die sich lange ausbilden lassen, einen höheren IQ haben. Allerdings wusste man bis vor Kurzem nicht warum. Es könnte nämlich zwei Gründe dafür geben: Möglicherweise lassen sich Menschen, die von Haus aus einen hohen IQ haben, länger ausbilden, weil ihnen das leichter fällt als anderen. Es könnte jedoch auch sein, dass die Ausbildung den IQ-Wert direkt steigert. Erst 2018 konnte eine große Metastudie nachweisen, dass sich der IQ durch zusätzliche Ausbildung tatsächlich erhöht – und zwar um 1–5 IQ-Punkte pro Ausbildungsjahr. Kein seriöser Wissenschaftler behauptet, Intelligenz ließe sich ausschließlich durch die Gene erklären. Ausbildung ist ohne Zweifel ein bewährter, nicht zu ersetzender Faktor dabei, der zugleich jedoch außergewöhnlich kostspielig und zeitintensiv ist. Die Forschung sucht deshalb schon lange nach Wegen, die menschliche Intelligenz durch einfachere Methoden als das Drücken der Schulbank zu steigern. Es gilt als der heilige Gral der Intelligenzforschung, das volle Potenzial des Gehirns auszuschöpfen oder darüber hinaus zu erweitern.

WIE MAN INTELLIGENZ *NICHT* STEIGERT

Bestimmt haben Sie bereits davon gehört, dass Menschen nur 10 Prozent ihres Gehirns nutzen. Als Faustregel können Sie sich merken, dass das nur auf jene Menschen zutrifft, die behaupten, wir würden nur 10 Prozent unseres Gehirns nutzen. Alle anderen verwenden das ganze Organ. Niemand weiß genau, woher dieser Mythos stammt, aber er ist nur einer von vielen, die dem Thema Intelligenz anhaften. Eine 1998 erschienene Studie fand heraus, dass Menschen bei Quizfragen besser abschneiden, wenn man sie davor an Professoren denken lässt, als wenn sie an Fußball-Hooligans denken. Die Studie hat nicht erhoben, was passiert, wenn man an Professoren denkt, die sich nach der Vorlesung mit halbkomatösen Rapid-Wien-Fans prügeln. Wäre aber eh völlig irrelevant. Denn die zahlreichen Studien, die versuchten, den Effekt ebenfalls nachzuweisen, scheiterten daran. Fake News gab es eben schon lange, bevor amerikanische Präsidenten so freundlich waren, uns auf Twitter regelmäßig darauf aufmerksam zu machen.

In der Wissenschaft sind Studien, die zu falschen Ergebnissen kommen, jedoch selten mutwilliger Betrug. Meist handelt es sich um übertrieben popularisierte Zwischenergebnisse methodisch schwacher Untersuchungen aus komplizierten Forschungsfeldern. Es wäre deshalb wichtig, angeblichen Durchbrüchen der Intelligenzforschung gegenüber so lange skeptisch zu bleiben, bis unabhängige Wissenschaftler die Ergebnisse replizieren konnten. Das kann jedoch Jahre dauern, und so viel Zeit haben Journalisten nicht, die auf Klicks angewiesen sind und sich freuen, wenn sie überhaupt bezahlt werden. Das führt dazu, dass scheinbar spektakuläre Entdeckungen rasant die Runde machen und auch dann in den Köpfen der Leute bleiben, wenn sich zehn Jahre später herausstellt, dass der verkaterte Laborpraktikant die Datensätze vertauscht hat.

Im Jahr 1998 brachte der amerikanische Politiker Zell Miller einen Budgetantrag ein, der vorsah, jedem neugeborenen Kind im Bundesstaat Georgia beim Verlassen des Krankenhauses eine Musikkassette mit auf den Weg zu geben. Darauf befinden sollte sich nicht das heißeste Mixtape des Politikers, sondern Musik von Wolfgang Amadeus Mozart. Miller ging es nicht um seine Liebe zur klassischen Musik (obwohl während seiner Ansprache Beethovens ›Ode an die Freude‹ gespielt wurde), sondern um eine Studie, die fünf Jahre zuvor in *Nature*, einer der angesehensten wissenschaftlichen Fachzeitschriften, veröffentlicht worden war. Die Forscher ließen Versuchsteilnehmer Intelligenztests ausfüllen, nachdem sie zehn Minuten lang entweder still dasaßen, eine Entspannungsübung machten oder sich Mozarts ›Sonate für zwei Klaviere in

D-Dur‹ gönnten. Dabei schnitt die Mozartgruppe bei Tests, die das räumliche Denken betreffen, um etwa 8–9 IQ-Punkte besser ab als bei anderen Aufgabenstellungen. Der Steigerungseffekt hielt jedoch lediglich 10–15 Minuten an. In den Medien wurde das in etwa so wiedergegeben: »Mozart-Musik steigert die Intelligenz um 8–9 IQ-Punkte« – keine Rücksicht darauf, dass sich lediglich das räumliche Denken verbesserte und man nach 15 Minuten wieder genauso blöd war wie vorher. Es ist dieser Studie zu verdanken, dass Sie auf Amazon diverse ›Mozart for the brain – boost your IQ‹-CDs erwerben können. Und das, obwohl dem angeblichen ›Mozart-Effekt‹ durch eine Übersichtsarbeit von 2010 eigentlich längst der Todesstoß versetzt wurde. Über 40 Folgeuntersuchungen mit insgesamt mehr als 3000 Versuchsteilnehmern waren nicht in der Lage, den angeblichen Effekt zu replizieren. Doch bis dahin hatte die Vorstellung, das Hören klassischer Musik würde die Intelligenz steigern, 17 Jahre Zeit, um sich auszubreiten wie Herpes im Swinger-Club.

Wenn Sie in jedem Universitätshörsaal eine 5000-Watt-Soundanlage installieren, um Mozart in die Ohrmuscheln der Studenten zu blasen, steigen zwar die Stromrechnung und der Aktienkurs der Aspirin-Hersteller, mit Sicherheit aber nicht die Prüfungsleistung. Diese ernüchternden Ergebnisse legen nahe, dass wir uns von der Idee verabschieden müssen, Intelligenz durch simple Tricks verbessern zu können. Trotzdem gibt es abseits von Erziehung, Bildung und Genetik noch weitere Einflussfaktoren, die Auswirkungen auf unsere Intelligenz haben. Und man vermutet, dass die halbe Welt ab den 1930ern versehentlich an einem Experiment zur IQ-Beeinflussung teilgenommen hat.

MACHT BLEI BLÖD?

Als man im Ersten Weltkrieg merkte, dass man Feinden hervorragend Bomben auf den Kopf werfen kann, wenn diese aus einem Flugzeug geschmissen werden, stieg die Nachfrage nach hochwertigen Treibstoffen. Kurz nach Kriegsende entdeckte General Motors, dass sich Tetraethylblei (TEL), eine relativ einfache Blei-Verbindung, dazu verwenden ließ, um die unkontrollierten Selbstentzündungen von Benzin in Zylindern zu verhindern. Dadurch wurde TEL als Zusatzstoff zu einem weitverbreiteten Antiklopfmittel für Benzin und Flugzeugtreibstoff. In der Folge sank zwar der Geräuschpegel der Motoren, allerdings auch der IQ und die Friedfertigkeit der Menschen. Zumindest legen zahlreiche Untersuchungen diesen Schluss nahe. Bereits in den Anfangsjahren der TEL-Herstellung trug die Produktionsstätte den Spitznamen »das verrückte Benzin-Gebäude«, weil die Mitarbeiter begannen, sich äußerst seltsam zu verhalten. Letztlich landete mehr als die Hälfte von ihnen im Spital, wo mehrere verstarben.

Das Problem war, dass TEL ein Nervengift ist, das über die Haut aufgenommen wird, sich im Körper anreichert und den Arbeitern gnadenlose Bleivergiftungen verpasste. Trotzdem blieb TEL viele Jahrzehnte lang ein verbreiteter Benzinzusatzstoff, und bis 1970 stieg die Bleikonzentration im Blut der Bevölkerung kontinuierlich an. Erst dann begann man in weiten Teilen der Welt damit, das Blei wieder schrittweise aus den Treibstoffen zu verbannen, wodurch die Blutbleiwerte amerikanischer Kleinkinder von rund 25 Mikrogramm pro Deziliter auf weniger als 5 Mikrogramm abnahmen. Und mit den Bleiwerten sank die Kriminalität. Seit 1960 folgt die Verbrechensrate in den USA nahezu perfekt den Bleiwerten im Blut von Kleinkindern, allerdings mit etwa 20 Jahren Verzögerung. Denn dann kommen die Kinder in ein Alter, in dem sie sich kriminell austoben können. Man vermutet, dass der Effekt aufgrund dieser zeitlichen Verzögerung so lange unentdeckt bleiben konnte. Sogar die Zahl der späteren Gefängnisaufenthalte ließ sich in einer Studie aus den Blutbleiwerten in der Kindheit ableiten.

Aber nicht nur die Kriminalität scheint von dem Blei beeinflusst worden zu sein. Je höher die Bleiwerte bei Kindern waren, desto schlechter schnitten sie als Erwachsene bei IQ-Tests ab und desto niedriger war ihr gesellschaftlicher Status. Eine Studie von 2014 schätzt, dass die Bemühungen zur Blei-Reduktion seit den 1970ern den durchschnittlichen IQ der Erwachsenen in den USA um etwa 4,5 Punkte ansteigen ließen. Der Zusammenhang zwischen Blei-Zusätzen in Treibstoff und IQ sowie Kriminalität wurde nicht nur in den USA nachgewiesen, sondern auch in entfernten Regionen wie Neuseeland und wäre vielleicht in allen Ländern feststellbar, die Blei-Zusatzstoffe im Benzin hatten, würde man die entsprechenden Untersuchungen durchführen.

Natürlich muss man bei solchen Aussagen vorsichtig sein. Nur weil zwei Messwerte miteinander korrelieren, beispielsweise Blei-Belastung und Kriminalität, bedeutet das nicht zwangsläufig, dass das eine die Ursache für das andere ist. Als Beispiel nennen Statistiker gerne die Tatsache, dass in Gegenden, in denen viele Störche leben, mehr Kinder zur Welt kommen. Ist damit der Beweis erbracht, dass der Storch die Kinder bringt? Ich muss Sie enttäuschen. So leicht lässt sich die Verantwortung für eine ungewollte Schwangerschaft nicht wegrationalisieren. Aber es illustriert, dass es Scheinkorrelationen gibt, die nur so wirken, als würde der eine Messwert den anderen beeinflussen. Im Fall der Störche kommt die Korrelation daher, dass sich in ländlichen Regionen sowohl höhere Geburtenraten finden als auch bessere Lebensbedingungen für den Storch. Die »Ländlichkeit der Region« ist deshalb eine versteckte Hintergrundvariable, die »Störche« und »Kinder« korrelieren lässt, obwohl sie direkt nichts miteinander zu tun haben.

Könnten solche unbekannten Hintergrundvariablen auch für

die Korrelation zwischen Blei-Werten und Intelligenz verantwortlich sein? Es lässt sich schwer ausschließen. Aber auch wenn Korrelation nicht unbedingt bedeutet, dass zwei Dinge direkt miteinander zusammenhängen, ist sie doch oft ein guter Hinweis darauf. Insbesondere wenn sich der Effekt in vielen Regionen der Welt zeigt und es einen plausiblen Wirkmechanismus gibt, der einen solchen Zusammenhang nahelegt.

JENSEITS VON GENEN UND BILDUNG

Zugegeben, unter Optimierung verstehen die meisten Leute etwas anderes als die Steigerung der Kriminalität und die Senkung der IQ-Werte ganzer Landstriche. Trotzdem, um Intelligenz zu verbessern, sollte man wissen, was sie verschlechtert.

Es könnte jedoch tatsächlich Wege geben, die Intelligenz der Nachkommen bereits im Mutterleib positiv zu beeinflussen. Und wie in so vielen Bereichen des Lebens sind uns die Ratten dabei um Welten voraus. In zahlreichen Untersuchungen wurde getestet, welche Auswirkungen es hat, wenn man schwangeren Ratten hohe Dosen Cholin als Nahrungsergänzungsmittel verpasst. Im Körper wird die Ammoniumverbindung Cholin in den Neurotransmitter Acetylcholin umgewandelt, der unter anderem für die Kommunikation zwischen Nervenzellen benötigt wird. Verabreicht man schwangeren Ratten zusätzliches Cholin in einer Menge, die weit über die natürliche hinausgeht, schneidet ihr Nachwuchs in einigen Tests besser ab, als er es ohne Nahrungsergänzung tun würde. Cholin verändert die Formbarkeit des Hippocampus, einer Seepferdchen-förmigen Gehirnregion, und sobald der mit Cholin vollgepumpte Nager-Nachwuchs selbst erwachsen ist, verfügt er über ein verbessertes räumliches und zeitliches Gedächtnis. Dadurch werden die Ratten unter anderem besser darin, Labyrinthe zu bewältigen. Hätte sich Ihre Mutter während der Schwangerschaft anstatt der Mozart-CD lieber Cholin reingezogen, würden Sie sich auf dem Heimweg von der Kneipe vielleicht seltener verlaufen. Wissen tun wir es allerdings nicht, denn ob hohe Dosen Cholin in der Schwangerschaft ähnliche Effekte beim Menschen erzielen, ist nicht annähernd so gut untersucht wie bei Ratten. Zwar existieren Studien, die einen Zusammenhang zwischen besonders cholinreicher Ernährung in der Schwangerschaft und verbesserten geistigen Fähigkeiten der Kinder finden, die Untersuchungen sind jedoch so klein, dass man daraus keine übertriebenen Schlüsse ziehen sollte. Außerhalb der Labore findet ein entsprechendes Experiment aber bereits unbemerkt statt. Denn während Cholin in Europa eher unbekannt ist, ist es in den USA als Nahrungsergänzungsmittel ziemlich verbreitet und wird unter anderem für schwangere Frauen beworben.

Aber nicht nur, was vor der Geburt geschieht, scheint Einfluss auf die geistigen Fähigkeiten zu nehmen, sondern auch, was währenddessen passiert. Laut einer großen australischen Studie können Grundschüler, die mittels Kaiserschnitt geboren wurden, etwas schlechter rechnen, lesen und schreiben als Mitschüler, die auf konventionellem Weg aus dem Geburtskanal gepresst wurden. Das ändert sich auch nicht, wenn Faktoren wie der Bildungsgrad der Eltern und die Gesundheit der Mütter miteinberechnet werden. Als Grund dafür vermuten die Forscher die Bakterien im Geburtskanal der Mutter. Während das Kind bei einer Vaginalgeburt an den Einzellern vorbeiwandert, können sich diese in aller Ruhe auf dem Winzling ansiedeln. Dadurch entwickelt sich die Darmflora eines Kindes, das auf natürlichem Weg zur Welt kommt, anders als nach einem Kaiserschnitt. Aus früheren Studien weiß man, dass Darmbakterien die Entwicklung des Nervensystems beeinflussen können – und damit auch die des Gehirns.

Es gibt sogar Hinweise darauf, dass nicht nur die Art der Geburt

Einfluss auf die geistige Leistungsfähigkeit nimmt, sondern auch die Reihenfolge. Forscher vermuten schon lange, dass Erstgeborene bei IQ-Tests etwas besser abschneiden als später geborene Kinder. Eine große deutsche Untersuchung konnte diese Vermutung 2015 mithilfe der IQ-Werte Tausender Personen bestätigen. Erstgeborene schnitten bei Intelligenztests etwas besser ab als Zweitgeborene, diese wiederum besser als Drittgeborene und so weiter. Warum das so ist, weiß man nicht. Es könnte biologische Gründe haben, aber auch daran liegen, dass Eltern mit jeder zusätzlichen Geburt dem einzelnen Kind weniger Aufmerksamkeit widmen können. Aber bevor Sie jetzt zu Ihrem kleinen Bruder laufen, um ihm seine wissenschaftlich belegte Unterlegenheit unter die Nase zu reiben, bedenken Sie bitte Folgendes: Der Grund, warum man Tausende Menschen braucht, um diesen Effekt nachzuweisen, ist, weil er sehr, sehr klein ist. Im Schnitt schneiden Erstgeborene um rund 1,5 IQ-Punkte besser ab als ihre zweitgeborenen Geschwister. Insgesamt findet man in rund 60 Prozent der Fälle, dass die Erstgeborenen innerhalb einer Familie den höheren IQ besitzen. Im Umkehrschluss bedeutet das, dass es in 40 Prozent der Fälle andersherum ist. Derartige Effekte lassen sich deshalb anhand großer Menschengruppen messen, haben auf individueller Ebene aber kaum eine nennenswerte Aussage. Die Reihenfolge der Geburt hat für den einzelnen Menschen wenig Bedeutung. Das behaupte ich, als kleiner Bruder einer älteren Schwester, aus meiner tiefsten Überzeugung.

Ähnliches gilt auch für die anderen zuvor erwähnten Einflussfaktoren. Vermutlich gibt es unzählige Dinge, die den IQ abseits von Bildung und Genetik beeinflussen können. Ob sich Ihre schwangere Mutter jeden Morgen kiloweise Cholin ins Müsli streute, Sie als erstes oder zehntes Kind, mit oder ohne Kaiserschnitt herausgeflutscht sind oder ob Sie aus einem der drei letzten Länder stammen, die noch großzügig Blei in den Tank pumpen, mag zusammengenommen durchaus einen Einfluss auf Ihre Intelligenz nehmen. Jeder dieser Faktoren für sich betrachtet ist auf individueller Ebene jedoch kaum aussagekräftig.

DER FLYNN-EFFEKT

Doch auch wenn die einzelnen Faktoren, die Intelligenz beeinflussen, im Detail sehr kompliziert erscheinen, unterm Strich dürften wir auf dem richtigen Weg sein. Seit man begonnen hat, Intelligenztests durchzuführen, stiegen die weltweiten IQ-Werte pro Jahrzehnt um etwa 3 Punkte an. Zwischen 1909 und 2013 stieg der Durchschnitts-IQ deshalb um satte 30 Punkte, wie eine Metastudie gezeigt hat, die sich mit der Entwicklung der Intelligenz in über 30 Staaten befasste. Diese fortlaufende IQ-Steigerung bezeichnet man als den Flynn-Effekt, benannt nach dem Politologen James R. Flynn, der das Phänomen 1987 erstmals nachwies.

Warum die Intelligenz von Generation zu Generation anzusteigen scheint, kann niemand so recht beantworten. Eine Rolle spielen ohne Zweifel bessere Ernährung und Gesundheitsversorgung sowie die Tatsache, dass mehr Menschen denn je Zugang zu Bildung haben. Doch laut Flynn und anderen Wissenschaftlern reicht das nicht aus, um eine derart große Steigerung zu erklären. Flynn vermutet eine Ursache darin, dass sich unsere Art zu denken innerhalb der letzten 100 Jahre grundlegend gewandelt hat. Während das Denken der Menschen Anfang des 20. Jahrhunderts sehr praxisbezogen und handlungsorientiert war, gehört abstraktes Denken heute zu unserem Alltag. Flynn bezieht sich dabei unter anderem auf den russischen Psychologen Alexander Luria, der Ende des 19. und Anfang des 20. Jahrhunderts zahlreiche mentale Tests an der Bevölkerung durchführte. Wie würden Sie zum Beispiel folgende Frage beantworten: »Was haben ein Pferd und ein

Hund gemeinsam?« Vor hundert Jahren wäre eine typische Antwort »Beide werden zum Jagen verwendet« gewesen. Eine sehr handlungsorientierte Aussage, die sich auf die eigene Erfahrung bezieht. Heutzutage würde diese Frage eher mit »Beide sind Säugetiere« beantwortet werden. Eine abstrakte, taxonomische Aussage ohne irgendeinen Handlungsbezug. »Heutzutage tragen wir alle wissenschaftliche Augengläser«, wie Flynn es ausdrückte. Eine Position, von der sich Flynn trotz Klimawandel-Leugnern und der Existenz einer ›Flat Earth Society‹ mit steigenden Mitgliedszahlen bis heute nicht distanziert hat.

Auch genetische Einflussfaktoren werden als Grund für die Intelligenzsteigerung nicht ausgeschlossen. Hundert Jahre sind zu kurz, um eine so komplexe Eigenschaft durch das evolutionäre Standardarsenal aus Mutation und Selektion ausreichend zu verändern. Es könnte jedoch durch die erhöhte Mobilität der Menschen zu einem sogenannten Heterosis-Effekt gekommen sein. Den Heterosis-Effekt kennt man hauptsächlich aus der Pflanzenzucht, wenn durch die Kreuzung verschiedener Zuchtlinien die Leistung der Nachkommen höher ist als die durchschnittliche Leistung der Elterngeneration. Bei Menschen könnte es durch die zunehmende Urbanisierung und die dadurch entstandene Vermischung ehemals getrennter Populationsgruppen zu einem ähnlichen Effekt gekommen sein. Einen wissenschaftlichen Konsensus gibt es dazu allerdings nicht.

»Halt! Stopp!«, werden Sie jetzt denken, »Wie kann der durchschnittliche IQ immer weiter ansteigen, wenn IQ-Werte doch durch einen Vergleich mit den durchschnittlichen Testergebnissen anderer Menschen zustande kommen?« Ein vollkommen berechtigter Einwand. Nachdem die Testergebnisse der Menschen sich alle paar Jahre verbessern, müssen regelmäßig neue ›Normstichproben‹ erstellt werden, mit denen man die aktuellen Testresultate vergleicht. Das bedeutet, dass alle paar Jahre Tausende Menschen einen IQ-Test machen müssen, damit man deren Durchschnittswerte als den neuen IQ-Mittelwert von 100 definieren kann. Wenn Sie heute einen IQ-Test machen, werden Ihre Ergebnisse deshalb mit einer aktuellen Normstichprobe verglichen, damit Sie wissen, wie Sie in Relation zu Ihren Zeitgenossen abschneiden. Nehmen wir einmal an, Sie würden absolut durchschnittlich abschneiden und beim Vergleich mit einer aktuellen Normstichprobe einen IQ-Wert von 100 erhalten. Vorhin haben wir darüber gesprochen, dass der durchschnittliche IQ innerhalb von 100 Jahren um etwa 30 Punkte angestiegen ist. Das bedeutet, wenn man Ihre Testergebnisse, die mit einer aktuellen Normstichprobe einen IQ-Wert von 100 liefern, mit einer Normstichprobe von 1920 vergleichen würde, käme ein IQ von etwa 130 heraus. Das entspricht per Definition einer Hochbegabung. Würde man hingegen die Testergebnisse durchschnittlich intelligenter Menschen von 1920 mit einer modernen Normstichprobe vergleichen, wäre der IQ-Wert 70, was heutzutage als Grenze zur Lernbehinderung gilt. Jetzt ist Ihnen aber bestimmt schon aufgefallen, dass heute keineswegs nur Genies herumlaufen. Ebenso wenig waren die Menschen vor 100 Jahren dumm wie Brot. Eher scheint es so zu sein, dass sich die Ergebnisse von Intelligenztests nur in manchen Bereichen wie visuellem und logischem Denken verändert haben, während andere wie Verarbeitungsgeschwindigkeit eher gleich geblieben sind.

Besonders rasant steigen die Intelligenzwerte derzeit in Entwicklungsländern, in denen Bildung, Gesundheitsversorgung und Ernährungssicherheit erst in den letzten Jahrzehnten großflächig Einzug gehalten haben. Demgegenüber gibt es Hinweise darauf, dass der IQ in einigen westlichen Ländern mittlerweile stagniert oder sogar leicht rückläufig ist. Aber diese Erkenntnis ist umstritten, und derzeit kann man nicht mit Sicherheit sagen, woran eine solche Stagnation liegen könnte und ob sie tatsächlich stattfindet.

Aber unabhängig davon, ob der Flynn-Effekt in westlichen Ländern bereits ein Ende genommen hat, steht fest, dass die Steigerung der Intelligenz irgendwann an eine biologische Grenze stoßen muss. Und viele der Leute, die ihr Geld damit verdienen, außerordentlich klug zu sein, versuchen dieses Problem bereits zu umgehen. Und zwar mit der Methode, mit der sich zumindest kurzfristig alle Probleme dieser Welt lösen lassen: Drogen. 2008 hat die Fachzeitschrift *Nature* eine Umfrage unter Wissenschaftlern in 60 Ländern durchgeführt, um herauszufinden, wie viele von ihnen Tabletten zur mentalen Leistungssteigerung schlucken. Die Umfrage beschränkte sich auf drei der verbreitetsten Smart Drugs, die man auch als Nootropika, Neuro-Enhancer oder Gehirndoping-Pillen bezeichnet. Dabei handelt es sich um verschreibungspflichtige Medikamente, denen nachgesagt wird, die geistige Leistungsfähigkeit gesunder Menschen steigern zu können. Jeder fünfte der befragten Wissenschaftler gab an, bereits Smart Drugs zu diesem Zweck geschluckt zu haben.

Aber besonders in den letzten Jahren sind auch abseits der Forschung immer mehr Leute auf Smart Drugs aufmerksam geworden. Alleine von 2015 bis 2017 hat sich in Industrienationen die Anzahl gesunder Menschen, die zwecks Leistungssteigerung Smart Drugs einschmeißen, von etwa 5 Prozent auf 14 Prozent fast verdreifacht, wobei der Anstieg nirgendwo stärker war als in Europa. Aber können Tabletten tatsächlich klüger machen, oder sind all diese Konsumenten einfach Opfer einer illusionären Wunschvorstellung? Nachdem Smart Drugs eigentlich als Medikamente zur Behandlung geistiger Defizite entwickelt wurden, existieren nicht allzu viele Untersuchungen zu ihren Auswirkungen auf die mentale Leistungsfähigkeit gesunder Menschen. Aber die, die es gibt, wurden 2014 in einer umfangreichen Übersichtsarbeit zusammengefasst. Es folgt ein kurzes Best-Of.

Eine der verbreitetsten Smart Drugs in Europa ist das Medikament Ritalin, das häufig zur Behandlung von Aufmerksamkeitsdefizit-/Hyperaktivitätsstörung (ADHS) verschrieben wird. ADHS-Patienten hilft es dabei, sich auf eine Aufgabe oder einen Gendanken konzentrieren zu können, ohne sich von jeder denkbaren Kleinigkeit ablenken zu lassen. Aber auch Gesunde schätzen das Medikament für seine konzentrationssteigernden Eigenschaften. Den Wirkstoff darin bezeichnet man als Methylphenidat. Möchten Sie sich das merken und brauchen eine Eselsbrücke, singen Sie ›Methyl-Phenidat‹ im Rhythmus des spanischen Weihnachtsliedes ›Feliz Navidad‹. Denken Sie aber daran, das an Heiligabend wieder zu unterlassen, wenn Sie mit Ihrer Familie andächtig vor dem geschmückten Tannenbaum stehen.

Der Handelsname Ritalin geht leichter von der Zunge und hat obendrein eine nette Hintergrundgeschichte. Entwickelt wurde Ritalin 1944 von dem italienischen Chemiker Leandro Panizzon. Um die Substanz zu testen, schluckte er sie nicht nur selbst, sondern ließ auch seine Ehefrau Rita davon probieren. Sie wissen ja, wie das ist, kaum fängt der Mann an zu essen, möchte die Frau von seinem Teller kosten. Rita war ganz begeistert davon, wie sehr sich ihre Tennisleistung durch die Substanz verbesserte. Die gute alte Zeit, als die Ehefrau zwecks Stichprobenvergrößerung im Labor noch mitnaschen durfte. Sicherlich einer der Gründe, warum die Scheidungsrate damals so niedrig war. Tabletten sind der Kitt, der eine gute Ehe zusammenhält.

In Studien an gesunden Menschen zeigt sich, dass Ritalin die Leistung von Menschen verbessert, wenn sie mit einer neuen Aufgabenstellung konfrontiert werden. Außerdem werden sie besser im Lösen von Aufgaben, die erhöhte Aufmerksamkeit erfordern. Es ist diese konzentrationssteigernde Wirkung, die Ritalin besonders bei Medizinstudenten beliebt macht, die für ihre Jahresprüfungen Unmengen an oftmals trockenem Stoff in ihr Gehirn pressen müssen.

Die zweite, in Europa besonders verbreitete Smart Drug ist Modafinil. Gewöhnlich wird das Medikament zur Behandlung von Narkolepsie verschrieben. Betroffenen hilft es durch seine munter machenden Eigenschaften dabei, spontane Einschlafattacken zu unterdrücken. Auch bei Gesunden unterdrückt es das Schlafbedürfnis und bewirkt eine Verbesserung der Reaktionszeit, des logischen Denkens und der Fähigkeit, Probleme zu lösen. Das vermutlich Wichtigste ist jedoch, dass Modafinil den Humor in Comics unterhaltsamer erscheinen lässt, nicht aber den in erzählten Witzen. Keine Ahnung, wieso man das untersucht hat. Kennen Sie den schon? Wenn Chuck Norris Drogen nimmt, erweitert sich das Bewusstsein der Drogen. Finden Sie nicht lustig? Selber schuld, hätten Sie ihn aufgemalt und Modafinil geschluckt.

Die lange munter haltende Wirkung von Modafinil ist der Grund, warum es nicht nur unter Studenten und Schichtarbeitern verbreitet ist, sondern auch beim Militär. Mehrere Länder geben ihren Kampfpiloten bei langen Einsätzen Modafinil mit auf den Weg, damit sie munter und konzentriert bleiben können. Aber genau bei solchen Anwendungen sind leistungssteigernde Tabletten ethisch so schwer einzuordnen. Einerseits möchte man nicht, dass über dem eigenen Kopf Kampfpiloten herumschwirren, die mit diversen Medikamenten vollgestopft sind. Andererseits machen diese vielleicht weniger Fehler als ihre vollkommen übermüdeten Kollegen. Was, wenn sich herausstellt, dass Kampfpiloten unter Modafinil-Einfluss besser arbeiten und die Bomben seltener auf Zivilisten fallen? Sollte man ihnen dann nicht die Möglichkeit geben, diese Option zu nutzen? Sollte man es in dem Fall für Kampfpiloten vielleicht sogar verpflichtend machen, Modafinil zu schlucken? Und wie ist das mit anderen verantwortungsvollen Aufgaben, bei denen Übermüdung häufig zu Katastrophen führt, beispielsweise in der Chirurgie? Sollte man Chirurgen den Konsum erlauben, falls sich herausstellt, dass ihnen dadurch weniger Patienten unter dem Messer wegsterben? Was ist mit Wissenschaftlern in der Krebsforschung? Könnten wir schneller Therapien entwickeln, wenn sie ihre Produktivität durch Modafinil um ein paar Prozentpunkte steigern könnten?

Neben Ritalin und Modafinil existieren noch zahlreiche andere Substanzen, die häufig als Smart Drugs bezeichnet werden. Viele davon sind in der Lage, die mentale Leistungsfähigkeit in einzelnen Bereichen kurzfristig zu verbessern. Aber kann man dabei tatsächlich von einer Intelligenzsteigerung sprechen? Kurzfristig lässt sich die Leistungsfähigkeit auch durch einen doppelten Espresso, eine Nase Kokain oder ein Mittagsschläfchen verbessern. Als Steigerung der Intelligenz würden das jedoch die wenigsten bezeichnen. Es wäre zwar möglich, dass noch weitere positive Effekte der bereits verbreiteten Smart Drugs nachgewiesen werden, das trifft jedoch auch auf deren Nebenwirkungen zu. Derzeit gibt es zu wenige Studien, um zuverlässig einschätzen zu können, ob Smart Drugs nennenswerte Auswirkungen auf die Intelligenztestergebnisse gesunder Menschen haben. Anders ausgedrückt: Auch wenn Smart Drugs die geistige Leistungsfähigkeit kurzfristig steigern mögen, gibt es momentan keine Hinweise auf eine IQ-Pille, bei der die Bezeichnung »intelligenzsteigernd« gerechtfertigt wäre.

HIRNSTIMULATION PER MAGNETSTAB

Vielleicht ist Chemie der falsche Weg und Intelligenzsteigerung bedarf futuristischerer Methoden als konservatives Tablettenschlucken. Dabei könnte sich ein Gerät als hilfreich erweisen, das aussieht wie ein Hybrid aus Zauberstab und Wünschelrute. Nur dass es sich dabei nicht um esoterischen Blödsinn handelt, sondern um ein neurowissenschaftliches Werkzeug, das »Transkranielle Magnetstimulation« (TMS) ermöglicht. In dem Gerät befindet sich eine Metallspule, die starke Magnetfeld-Pulse abgibt, wenn kurze Stromstöße durchgejagt werden. Direkt über dem Kopf platziert, lässt sich damit die Aktivität einzelner Regionen der Großhirnrinde beeinflussen. Abhängig von der Frequenz der Magnet-Pulse können diese Gehirnregionen dabei entweder angeregt oder gehemmt werden. Irgendwie schaffen es die Magnetfelder, das Aktionspotenzial in Neuronen auszulösen. Das bedeutet, die Gehirnzellen werden dazu angeregt, Nervenimpulse an andere Zellen abzugeben. Warum das funktioniert, hat man trotz intensiver Forschung bis heute nicht vollständig verstanden. Macht aber nichts, tolle Anwendungen gibt es trotzdem bereits.

In der neurowissenschaftlichen Forschung wird TMS hauptsächlich dazu eingesetzt, um herauszufinden, welche Gehirnareale für welche Aufgaben zuständig sind. In den vergangenen Jahren wurden jedoch immer mehr Studien veröffentlicht, die sich mit dem Potenzial der TMS zur Steigerung geistiger Fähigkeiten auseinandersetzen. Die Resultate von über 60 dieser Untersuchungen wurden 2014 in einer Übersichtsarbeit zusammengefasst. In ihr wird das Thema Intelligenz im Sinne von IQ oder g-Faktor zwar nicht direkt angesprochen, dafür gehen die Studien der Frage nach, ob sich die Leistung des Gehirns für bestimmte Aufgaben optimieren lässt. Und siehe da, es funktioniert! Und zwar auf zwei verschiedene Arten. Entweder durch die direkte Stimulation der Neuronen, die für das Lösen einer Aufgabe benötigt werden, oder durch das Hemmen störender Gehirnaktivität, die für die Aufgabe nicht benötigt wird. Dadurch ließen sich zahlreiche geistige Leistungen verbessern, für die Aufmerksamkeit, ein gutes Gedächtnis und Sprachverständnis benötigt werden. Auch die Geschwindigkeit der Augenbewegungen und das Suchen und Erkennen von Gegenständen konnten verbessert werden. Sollten Sie ein Dopingmittel für den nächsten »Wo ist Walter?«-Wettbewerb suchen, ist TMS die Droge der Wahl.

Dass diese Effekte nur vorübergehend sind, erschwert die alltägliche Leistungssteigerung durch TMS jedoch enorm. Wie würde man Sie im Hörsaal wohl ansehen, wenn Sie sich während der Prüfung mit einem Stab über den Kopf streichen, der aussieht wie ein überdimensionierter Fetisch-Vibrator, der an einer Autobatterie hängt? Es gibt Hinweise darauf, dass sich die Effizienz neuronaler Verbindungen durch TMS langfristiger steigern lassen könnte. Je häufiger ein Neuron A mit einem zweiten Neuron B kommuniziert, desto stärker wird die Verbindung zwischen diesen beiden Zellen und desto effizienter können sie künftig miteinander kommunizieren. »What wires together, fires together«, wie es der neurobiologisch sattelfeste Engländer ausdrückt – »Was sich miteinander verkabelt, feuert zusammen«. Man bezeichnet das als die »Hebb'sche Lernregel«, die das Zustandekommen des Lernens in neuronalen Netzwerken beschreibt. Es ist denkbar, dass die benötigten neuronalen Netzwerke beim Erlernen einer Tätigkeit durch eine zusätzliche Steigerung der Hirnaktivität mittels TMS anhaltend effizienter gemacht werden könnten. Dadurch könnte TMS das Erlernen von Fertigkeiten beschleunigen, wenn es gelingt, die Teile der Großhirnrinde anzuregen, die dafür benötigt werden. In kleinem Rahmen konnte das bereits gezeigt werden. Stimuliert man wiederholt den Motorcortex von Versuchspersonen, während diese eine komplizierte Daumenbewegung erlernen, führen sie die Bewegung auch dann noch besser aus, wenn das Gerät bereits abgedreht wurde.

Die Steigerungseffekte durch TMS sind zwar vorhanden und messbar, jedoch nicht so groß, dass man damit aus einem Pinky einen Brain machen könnte. Aber die TMS-Forschung zur geistigen Leistungssteigerung gesunder Menschen ist ein sehr junges Gebiet. Die Autoren der Übersichtsarbeit gehen davon aus, dass sich die erzielten Effekte mit unserem wachsenden Verständnis der TMS entscheidend steigern lassen werden. Hinzu kommen hilfreiche Entwicklungen wie vollautomatische Systeme zur Ausrichtung der Magnetspule, die mittels bildgebender Verfahren eine millimetergenaue Positionierung erlauben. Sie können sich vorstellen, dass all das nicht gerade billig ist, und wenn Ihnen bereits das Stunden-Honorar eines Nachhilfelehrers Albträume bereitet, dürfte ein TMS-Gerät für den Eigenbedarf außerhalb Ihres Haushaltsbudgets liegen. Es gibt jedoch noch andere, günstigere Methoden, mit denen sich die Gehirnaktivität von außen beeinflussen lässt.

BATTERIEBETRIEBENER GEISTESBLITZ

Die Transkranielle Gleichstromstimulation (tDCS aus dem Englischen ›Transcranial direct current stimulation‹) ist so kostengünstig, dass Neuro-Optimierungsfanatiker damit begonnen haben, die Geräte in ihren eigenen Garagen zusammenzubasteln. Ähnlich wie TMS ist transkranielle Gleichstromstimulation in der Lage, die neuronale Aktivität der Großhirnrinde zu beeinflussen. Allerdings nicht mittels Magnetfeldern, sondern durch kaum wahrnehmbare Stromstöße, die ausgehend von einer 9-Volt-Batterie über aufgeklebte Elektroden durch das Gehirn gejagt werden. Eine immer größer werdende Anzahl an Studien findet positive Auswirkungen der tDCS auf gesunde Menschen, inklusive verbessertem Arbeitsgedächtnis, gesteigerter Aufmerksamkeit, verbesserter Lernprozesse im Allgemeinen und sogar gesteigerter Kreativität. Im Leistungssport wird tDCS teilweise zu Trainingszwecken eingesetzt, da sich die beschleunigte Nervenleitgeschwindigkeit positiv auf die Schnellkraft auswirken kann und sich dadurch z. B. die Sprungleistung verbessern lässt. Eine Untersuchung des Verteidigungsministeriums der Vereinigten Staaten fand 2012 sogar heraus, dass tDCS die Wachsamkeit von Versuchsteilnehmern steigerte, die daraufhin doppelt so schnell darin wurden, Bomben, Scharfschützen und andere Gefahren in Bildern zu erkennen.

Diese Erkenntnisse, zusammen mit dem simplen Aufbau der Geräte, haben dazu geführt, dass mehrere Firmen mittlerweile tDCS-Geräte für den Eigenbedarf anbieten. Die Preisspanne reicht dabei von 40-Dollar-Bastel-Paketen bis zu 700-Dollar-High-End-Geräten, die auf Leistungssportler abzielen. Für Hobby-Neuro-Optimierer ist es kaum einschätzbar, welche dieser Geräte etwas taugen und welche nur zum Spaß Stromschläge durchs Gehirn jagen oder Schlimmeres anrichten. Eine niederländische Studie fand 2016 heraus, dass ein kommerziell verfügbares tDCS-Gerät das Arbeitsgedächtnis der Versuchsteilnehmer verschlechterte. Und das für nur wenige Hundert Euro!

Damit gewünschte Effekte erzielt werden können, muss sehr vieles richtig gemacht werden. Wird die Position der Elektroden um nur wenige Zentimeter geändert, kann das bereits große Auswirkungen haben. Um etwas Ordnung in das Chaos zu bringen, fand 2017 die erste Konferenz statt, in der tDCS-Forscher und Entwickler kommerzieller Geräte zusammentrafen, um sich auszutauschen und Richtlinien zu erarbeiten, die Verbrauchern helfen sollen, gute Entscheidungen zu treffen. Vorerst müssen private tDCS-Pioniere aber an sich selbst herumexperimentieren und sich damit trösten, dass zumindest keine nennenswerten Nebenwirkungen bekannt sind.

Neben Magnetfeldern und Stromstößen gibt es aber eine weitere exotische Methode, um die geistige Leistungsfähigkeit zu beeinflussen. Sie kennen das bestimmt aus Comics: Kaum hat jemand eine gute Idee, erscheint über dem Kopf eine Glühbirne. Tatsächlich dürfte die Kausalität aber in die andere Richtung wirken: erst das Licht, dann die Idee. Licht kann unsere Schädeldecke durchdringen und Stoffwechselvorgänge im Gehirn ankurbeln. Bevor Sie sich jetzt eine Glatze scheren und in die pralle Sonne setzen, bedenken Sie, dass dieses Licht gezielt auf gewünschte Hirnareale gerichtet sein und eine bestimmte Wellenlänge haben muss. Diese muss sich im roten bis nahe infraroten Bereich befinden, denn niedrigere Wellenlängen werden im Gewebe zerstreut und höhere vom Wasser absorbiert. Wie dieses Licht unsere Gehirnfunktion beeinflusst, beginnt man erst seit wenigen Jahren zu verstehen. Bestimmt haben Sie schon von Mitochondrien gehört, die in der Schule gerne als die Kraftwerke der Zelle bezeichnet wurden. Ihre Aufgabe besteht im Wesentlichen darin, Energie in Form von ATP (Adenosintriphosphat) bereitzustellen. Eine wichtige Rolle bei der ATP-Produktion in Mitochondrien spielt die sogenannte Cytochrom-c-Oxidase. Von ihr wird die Lichtenergie aufgenommen, was zu einer Steigerung des Stoffwechsels in den Mitochondrien führt. Je höher die Aktivität der Cytochrom-c-Oxidase, desto mehr ATP wird produziert und desto mehr Energie steht den Gehirnzellen zur Verfügung. In Versuchen an Mäusen wurde außerdem gezeigt, dass sich durch das Beleuchten sogar die Durchblutung der betroffenen Hirnregion steigern lässt.

Die leistungssteigernden Effekte der Hirn-Beleuchtung konnten in mehreren Studien gezeigt werden und umfassen unter anderem gesteigerte Aufmerksamkeit und ein verbessertes Arbeitsgedächtnis. In einer kleinen Studie fanden sich sogar Hinweise auf eine

Förderung positiver Gefühlszustände. Man kommt nicht um den Gedanken herum, wie es wohl wäre, heimlich einen nicht-sichtbaren Laserstrahl auf jemanden richten zu können, um seine mentalen Fähigkeiten oder Emotionen zu beeinflussen. Aber genug der Spekulation, man darf nicht vergessen, dass es sich um ein junges, experimentelles Gebiet handelt. Noch existieren nicht allzu viele Untersuchungen zu den Auswirkungen der Licht-Behandlung auf gesunde Gehirne, und die, die es gibt, wurden oft in kleinem Rahmen durchgeführt. Es wird also noch ein paar Jahre dauern, bis genügend seriöse Forschung vorhanden ist, um das Potenzial der Licht-Bestrahlung zur mentalen Leistungssteigerung zuverlässig einschätzen zu können.

Aber wissen Sie, wer sich von solchen Bedenken nicht zurückhalten lässt? Alternativmediziner. Die setzen sogenannte Low-Level-Lasertherapie (LLLT) schon seit Jahren zur Behandlung von Schmerzen und zur Förderung der Wundheilung ein. Auch in den Bereichen, in denen keine Wirkung nachgewiesen wurde beziehungsweise die Unwirksamkeit belegt ist. Bleiben Sie medizinischen Aussagen gegenüber also bitte kritisch, und im Zweifelsfall halten Sie sich an die Worte des australisch-britischen Komikers Tim Minchin: »Wissen Sie, wie man Alternativmedizin nennt, die nachweislich wirkt? Medizin.«

DIE BIOLOGIE DES MENSCHLICHEN VERHALTENS

Jeden Morgen derselbe Ärger. Sie sitzen am Frühstückstisch, schlagen die Zeitung auf, lesen einmal mehr vom politischen Rechtsruck und denken: »Hach, wie schön könnte die Welt doch sein, würden sich die Leute vorm Urnengang entwurmen lassen.« Kommt Ihnen bekannt vor? Nein? Dann ist es höchste Zeit, sich mit dem Einfluss der Biologie auf Ihre Persönlichkeit und politische Haltung zu beschäftigen!

Nachdem Sie gerade ein populärwissenschaftliches Buch lesen, zählen Sie vermutlich zu den Menschen, die sich gerne als rationale Wesen betrachten. Sie denken, Entscheidungen auf Grundlage bewusster Überlegungen zu fällen, und haben sich nach langem Abwägen dafür entschieden, Ihr Geld in dieses Buch zu investieren anstatt in den »Selbstfindung durch Einhorn-Chakren«-Ratgeber aus dem Esoterik-Regal. Doch haben Sie diese Entscheidung wirklich so bewusst getroffen, wie es sich anfühlt? Vieles in der Neurowissenschaft weist darauf hin, dass unser Gehirn Entscheidungen oftmals nicht auf Grundlage bewusster Überlegungen fällt. Viel eher scheint es oft so zu sein, dass unser Gehirn erst unbewusst eine Entscheidung trifft und unser Bewusstsein diese erst nachträglich rechtfertigt.

Zu diesem Schluss kommen verschiedene Untersuchungen, von denen die des spanischen Neurologie-Professors Alvaro Pascual-Leone besonders bekannt wurden. Er konnte zeigen, dass sich unsere Entscheidungen grundlegend beeinflussen lassen, selbst wenn wir sie bereits getroffen haben. Und das, ohne dass wir davon etwas mitbekommen. In einem Experiment gab er Versuchsteilnehmern zwei kurz aufeinanderfolgende Geräusche zu hören. Beim Ertönen des ersten sollten sie entscheiden, ob sie den linken oder rechten Zeigefinger bewegen möchten. Beim zweiten sollten sie die Bewegung dann tatsächlich ausführen. Doch sobald der zweite Ton ertönte, griff Pascual-Leone in die Denkprozesse der Probanden ein. Erinnern Sie sich an TMS – die Transkranielle Magnetstimulation? Sie ermöglicht es, einzelne Gehirnregionen durch Elektromagnetismus zu stimulieren. Gut positioniert, lässt sich damit beeinflussen, welchen Zeigefinger ein Versuchsteilnehmer beim zweiten Ton bewegt – selbst wenn er davor beschlossen hatte, den anderen zu wählen. Für einen Probanden konnte sich deshalb zum Beispiel folgende Situation ergeben: Er entschließt sich beim ersten Ton, den linken Zeigefinger zu bewegen. Sobald er es beim zweiten Ton jedoch machen möchte, bewegt sich sein rechter. Man könnte meinen, dem Probanden würde das äußerst merkwürdig vorkommen. Tut es aber nicht. Fragt man Versuchsteilnehmer, warum sie sich für die eine Seite entschieden haben, antworten sie meist, sie hätten das ohnehin vorgehabt, oder sich eben anders entschieden. Das Gefühl, nicht die Kontrolle über die eigene Entscheidung gehabt zu haben, bleibt aus. Unser Gehirn erzählt die Geschichte so, als hätte es ohnehin vorgehabt, das zu tun, was es letztlich getan hat – selbst wenn die Versuchsleiter es besser wissen. Erst fällt die Entscheidung, und danach kommt das Bewusstsein und erzählt eine Geschichte, die erklärt, warum. Unser Bewusstsein ist demnach nicht der Urheber unserer Entscheidungen, sondern eher so etwas wie der Pressesprecher des Gehirns.

Pascual-Leones Versuche sind nicht unumstritten, aber viele Untersuchungen kommen durch andere Methoden zu demselben Schluss – allen voran die des amerikanischen Physiologen Benjamin Libet. Allerdings lassen sich solche Ergebnisse nicht ohne Weiteres auf Alltagssituationen umlegen, in denen mehr Entscheidungsfaktoren eine Rolle spielen. Immerhin fuchtelt einem im Alltag selten jemand mit einem TMS-Stab über dem Kopf herum. Trotzdem zeigen diese Untersuchungen, dass unsere Entscheidungen fundamental beeinflussbar sind, ohne dass wir zwangsläufig etwas davon mitbekommen. Und in der Biologie finden sich zahlreiche Beispiele dafür, wie unser Denken und unser Verhalten durch Dinge geprägt werden, an die kaum jemand gedacht hätte.

INTERNATIONALE SEUCHENPARTY

»Er ist und bleibt der typische Parasit, ein Schmarotzer, der wie ein schädlicher Bazillus sich immer mehr ausbreitet, sowie nur ein günstiger Nährboden dazu einlädt.« – Adolf Hitler.

»Sich von Läusen zu befreien, ist keine Frage der Ideologie, sondern eine Sache der Sauberkeit.« – Heinrich Himmler.

Neonazis bezeichnen Linke gerne als Zecken. Fidel Castro bezeichnete Landsleute, die in die USA ausreisen wollten, als Würmer. Kakerlaken, Stechmücken und Gewürm waren typische Bezeichnungen für die Tutsi, bevor die Hutu den Völkermord an ihnen begingen.

Fällt Ihnen etwas auf? Bei all diesen Bezeichnungen handelt es sich entweder um Parasiten oder Krankheitsüberträger. Totalitäre Regime lieben es, ihre Feinde und zukünftigen Opfer damit gleichzusetzen. Sie gingen nicht nur der systematischen Ermordung der Juden voraus, sondern auch den »Säuberungsprozessen« unter Stalin. Zufall? Fremdenfeindliche Ideologien haben verstanden, wie sie unsere evolutionär verankerte Angst, »der Fremde« könnte eine Seuche bringen, politisch nutzen können. Es ist der Versuch, das eigene Volk als reinen Körper zu porträtieren, der vor den Fremden, die mit Parasiten und Krankheitserregern gleichgesetzt werden, geschützt werden muss. Ein hervorragendes Mittel, um andere zu entmenschlichen. Wer die Pest fürchtet, empfindet beim Erschlagen der Ratte kein Mitleid.

Aus evolutionärer Sicht ist diese Angst nicht unbegründet. Nach Ankunft der Europäer in Amerika verstarben mehr Ureinwohner an eingeschleppten Krankheiten als durch die Gewehrkugeln der Spanier. Mancherorts starben bis zu 95 Prozent der Bevölkerung an den neuen Seuchen, die auf dem Kontinent bis dahin unbekannt waren. Zur Wiedergutmachung gaben uns die Ureinwohner Syphilis mit nach Europa.

Eigentlich hat uns die Evolution für solche Zusammenkünfte ja einigermaßen gut vorbereitet. Den meisten Erregern gelingt es nicht, unsere mehrschichtige Haut zu durchdringen, die mit Immunzellen vollgepackt ist, die nur darauf warten, dass unvorsichtige Eindringliche ihr Glück versuchen. Verlockende Pathogen-Eintrittspforten wie Augen und Nase scheiden Flüssigkeiten aus, um die unwillkommenen Gäste unschädlich zu machen und gnadenlos vor die Türe zu setzen. Die Innenseite der Lunge sondert Bakterien tötende Substanzen ab. Viren, denen es gelingt, Zellen zu infizieren, werden von Proteinen zu genetischem Konfetti zerlegt. Krankheitserreger, die all diese Hürden überwinden, werden von einer Armee aus Immunzellen und Proteinen begrüßt, die sie verspeisen, durchlöchern und zerstückeln. Wäre unser Körper ein Film – Quentin Tarantino hätte Regie geführt. Doch häufig ist das nicht ausreichend. Zwischen Menschen und ihren Seuchen findet ein permanentes, oft viele Jahrtausende andauerndes Wettrüsten statt. Die Immunsysteme der Europäer hatten sehr lange Zeit, um sich gegen Grippe, Masern und andere Krankheiten zu rüsten. Die Abwehrkräfte der Ureinwohner waren auf diese eingeschleppten

Seuchen jedoch vollkommen unvorbereitet. Der Kontakt mit den Fremden führte zu mehreren Millionen Toten.

DIE UNBEWUSSTE ANGST VOR INFEKTION

Die längste Zeit der Menschheitsgeschichte waren Infektionskrankheiten die Todesursache Nummer eins. Die Evolution hat deshalb nichts unversucht gelassen, um uns davor zu schützen. Dabei ist der Erfolg des Immunsystems alleine jedoch offensichtlich begrenzt. Eine wachsende Zahl an Wissenschaftlern vermutet, der Jahrmillionen alte Kampf gegen die Keime habe nicht nur unsere Körperabwehr verändert, sondern auch einen bleibenden Eindruck auf unsere Psyche hinterlassen. Sie bezeichnen das als »Behavioral Immune System« - das Verhaltens-Immunsystem. Es beschreibt eine Reihe an psychologischen Mechanismen, die unser Verhalten oft unbemerkt beeinflussen - aufgrund der ständig lauernden Gefahr durch Infektion. Geprägt wurde der Begriff von Mark Schaller, der als Professor für Psychologie an der University of British Columbia arbeitet. Er und seine Kollegen führten zahlreiche Untersuchungen durch, um die Effekte des Verhaltens-Immunsystems zu erforschen. Dabei fanden sie Auswirkungen, die nicht nur das Zusammenleben einzelner Menschen beeinflussen, sondern das ganzer Kulturkreise rund um den Globus.

In manchen Bereichen ist die Existenz des Verhaltens-Immunsystems offensichtlich. Wann haben Sie das letzte Mal Tier-Exkremente verspeist? Oder zumindest mit dem Finger darin herumgestochert und danach in der Nase gebohrt? Wie reagieren Sie auf Erbrochenes? Mit neugieriger Aufgeschlossenheit oder doch mit einer eher abweisenden Haltung? Erbrochenes, Exkremente, Eiter und andere Dinge, die wir ekelhaft finden, sind oft vollgepackt mit allen denkbaren Krankheitserregern. Unsere intuitive Abneigung dagegen zeugt von einem pragmatischen Verständnis der Mikrobiologie. Ohne sie jedoch wirklich verstehen zu müssen oder überhaupt zu wissen, was Keime eigentlich sind. Vermutlich haben Kinder auch schon vor der Entwicklung der Keimtheorie lieber in klarem Wasser geplanscht als in der Jauchegrube. Selbst Kühe und Schafe grasen ungern in der Nähe ihrer eigenen Fäkalien, was ihnen dabei hilft, Wurminfektionen zu vermeiden.

Nachdem wir die Erreger nicht direkt sehen können, konnte uns die Evolution nicht mit einer direkten Abneigung gegenüber Mikroorganismen ausstatten. Stattdessen hat sie das Nächstbeste getan und uns mit einer Abneigung gegenüber Dingen und Verhaltensweisen ausgestattet, von denen häufig ein Infektionsrisiko ausgeht. Daran ändert sich auch wenig, wenn die Gefahr aus Sicht eines modernen Molekularbiologen gar nicht besteht. Vermutlich würden Sie auch dann keinen Batzen Eiter auf Ihr Brot schmieren wollen, wenn dieser ordentlich abgekocht wurde und nachweislich keine lebendigen Keime mehr enthält. Bietet man Probanden ein Stück Schokoladencremetorte an, das in die Form eines Hundehäufchens gebracht wurde, lehnen diese auch dann häufig ab, wenn sie wissen, dass es sich dabei um eine leckere Nascherei handelt. Die Aufgabe des Verhaltens-Immunsystems besteht vor allem darin, uns von Dingen fernzuhalten, von denen eine erhöhte Infektionsgefahr ausgehen könnte. Solange man dabei über Exkremente und Erbrochenes spricht, ist das nicht weiter kontrovers. Schwieriger wird es, wenn man die gleichen Überlegungen auf eine andere häufige Infektionsquelle anwendet – uns selbst. Einen großen Teil aller Infektionen fangen wir uns beim direkten Kontakt mit anderen Menschen ein. Es wäre deshalb überraschend, würde das Verhaltens-Immunsystem keinen Einfluss auf unseren zwischenmenschlichen Umgang nehmen.

Wir bevorzugen vertraut aussehende Menschen gegenüber Leuten, die uns fremd erscheinen. Sie nicht? Toll, Sie sind ein Heiliger, der ohne Sünde lebt. Im Allgemeinen trifft es aber zu. Ob es einem gefällt oder nicht, das kommt bei den Untersuchungen nun einmal heraus. Wenn Sie daran etwas ändern möchten, weil Sie Fremdenfeindlichkeit, irrationale Stigmatisierung und Co. blöd finden, sollten Sie versuchen, möglichst viele der beteiligten Faktoren zu verstehen - inklusive der biologischen. Aber auch wenn Sie zu der momentan so populären »Yeah, geil, Rassismus«-Fraktion gehören, weil Sie im Geschichtsunterricht lieber ins Handy geschaut haben anstatt zur Tafel, sollten Sie aufmerksam weiterlesen. Fragt man nach den Ursachen für autoritäres Denken und die Ablehnung von Menschen außerhalb der eigenen Gruppe, hört man üblicherweise Begründungen, die auf Erziehung, Medien etc. verweisen. Das ist ohne Zweifel richtig, dürfte jedoch eine unvollständige Antwort sein. »Unbewusste Angst vor Infektion« kommt demgegenüber nur selten wie aus der Kanone geschossen, obwohl eine immer größer werdende Anzahl an Studien diesen Einfluss nahelegt.

FREMDENHASS UND PARASITEN

Bereits der Anblick einer kranken Person oder auch nur das allgemeine Empfinden von Ekelgefühlen könnte unser Immunsystem darauf vorbereiten, besonders aggressiv zu reagieren. Zu diesem Schluss kamen zumindest ein paar kleinere Studien der letzten Jahre, bei denen sich jedoch erst zeigen muss, ob sie replizierbar sind. Es ist nicht verwunderlich, dass wir den Kontakt zu Menschen meiden, die aussehen, als würden sie uns jeden Moment ins Gesicht husten, Schleimbrocken inklusive. Jane Goodall konnte zeigen, dass sogar ihre geliebten Schimpansen den Umgang mit kranken Artgenossen meiden und sie sozial isolieren. Wir Menschen gehen jedoch einen Schritt weiter und wenden diese Vorsichtsmaßnahme in Bezug auf ganze Bevölkerungsgruppen an, denen das Stigma einer erhöhten Infektionsgefahr anhaftet: Fremde. Ihnen wird nicht bloß nachgesagt, exotische Krankheiten und Parasiten übertragen zu können, sondern auch dass sie sich weniger strikt an Gesellschaftsnormen halten, die unter anderem dem Einhalten von Hygienestandards dienen und somit der Vermeidung von Infektionen.

Prinzipiell scheint die Ablehnung gegenüber Fremden den meisten Menschen innezuwohnen. Zumindest basieren ganze Parteiprogramme darauf. Doch diese Ablehnung scheint sich zu steigern, wenn die allgemeine Gefahr einer Infektion ins Bewusstsein gerufen wird. In einer Studie wurde kanadischen Versuchsteilnehmern jeweils eine von zwei Bilderserien gezeigt. Entweder eine, die auf Infektionsrisiken hinwies, oder Darstellungen, auf denen andere lebensbedrohliche Gefahren abgebildet waren. Danach wurde gemessen, wie fremdenfeindlich die Haltung der Probanden war. Versuchsteilnehmer, die zuvor mit dem Thema Infektion konfrontiert wurden, nahmen dabei eine fremdenfeindlichere Haltung ein als die, die auf andere Gefahren hingewiesen wurden. Erklärt das die zuvor erwähnte Leidenschaft menschenverachtender Ideologien für Infektions-Vokabular?

Die Studie untersuchte darüber hinaus, ob das Gefühl der gesundheitlichen Verwundbarkeit einen Einfluss auf die fremdenfeindliche Haltung der Leute hatte. Dazu mussten Versuchsteilnehmer angeben, wie sehr sie verschiedenen Aussagen zustimmten – beispielsweise »Mein Immunsystem schützt mich vor den meisten Erkrankungen, die andere Menschen bekommen« oder »In meiner Vergangenheit war ich sehr empfänglich für Infektionskrankheiten«. Heraus kam, dass Menschen, die sich für besonders infektionsgefährdet halten, auch eher dazu neigen, fremdenfeindlich zu sein.

In der Untersuchung ging es jedoch um das rein subjektive Empfinden der Verwundbarkeit. Aber wie steht es um Leute, die tatsächlich besonders infektionsgefährdet sind? Eine amerikanische Studie ging dieser Frage 2007 nach – mithilfe von über 200 schwangeren Frauen. Das eigentliche Wunder der Geburt besteht darin, dass das weibliche Immunsystem den kleinen Semi-Parasiten nicht längst zuvor entsorgt hat. Aus Sicht der Mutter besteht der Winzling zur Hälfte aus körperfremder Erbinformation, und normalerweise würden ihre Immunzellen damit kurzen Prozess machen. Damit das nicht passiert, wird das Immunsystem der Frau während der ersten vier Schwangerschaftsmonate unterdrückt. Erst danach wird es langsam wieder hochgefahren, und der Fötus entwickelt seine eigene Immunabwehr. In diesen Anfangsmonaten, in denen das Immunsystem der Frauen geschwächt ist, entwickeln sie eine besondere Empfindlichkeit gegenüber Gerüchen, Geschmäckern und dem Anblick von Dingen, die Ekel hervorrufen. Das macht ihr Leben nicht direkt angenehmer, dürfte aber einen guten Grund haben. Man vermutet, dass es sich dabei um eine Strategie des Verhaltens-Immunsystems handelt, die Frauen dazu bewegt, potenzielle Infektionsquellen in diesem geschwächten Zustand besonders zuverlässig zu meiden. Die Studie fand jedoch einen weiteren Schwangerschaftseffekt, der das gleiche Ziel verfolgen könnte. Während der ersten Schwangerschaftsmonate scheinen Frauen eine positivere Haltung gegenüber Mitgliedern der eigenen Gesellschaft zu haben, Fremden gegenüber jedoch eine ablehnendere. In späteren Schwangerschaftsmonaten, wenn das Immunsystem wieder seinem Job nachgeht, normalisiert sich die Einstellung der Schwangeren wieder.

Die Daten von Mark Schaller und anderen legen nahe, dass Menschen unter Bedingungen, in denen sie sich besonders infektionsgefährdet fühlen, weniger offen für neue Ideen und Erfahrungen, mithin weniger extrovertiert sind und größeren Wert auf gesellschaftliche Angepasstheit legen. Das führt mitunter dazu, dass sie strengere moralische Urteile über Menschen fällen, die soziale

Normen verletzen. Dass sich unser Moralverständnis durch simple biologische Umstände beeinflussen lässt, ist nicht neu. Bereits 2011 fand eine Studie heraus, dass uns das Empfinden von Ekel, hervorgerufen durch das Trinken eines bitteren Getränks, moralische Fehltritte schärfer verurteilen lässt. Sollten Sie jemals vor Gericht stehen und der Richter greift nach einem Glas Grapefruitsaft – schlagen Sie es ihm mit aller Kraft aus der Hand.

Andere Studien legen nahe, dass wir die Auswirkungen des Verhaltens-Immunsystems für unsere Zwecke nutzen könnten. Zum Beispiel lässt sich die Bereitschaft, ein Kondom zu verwenden, durch ekelhafte Gerüche steigern. Bei der Untersuchung verwendeten die Forscher einen Geruch, der üblicherweise mit einer Infektionsquelle einhergeht: das Furz-Spray »Flüssiger Arsch«. Das Verlangen, nach dieser olfaktorischen Wohltat ein Kondom zu verwenden, dürfte ein unbewusster Mechanismus sein, um Krankheitserregern aus dem Weg zu gehen. Möchte man ungewollte Schwangerschaften nach Alkoholexzessen verhindern, würde es sich deshalb anbieten, die Reinigung von Disco-Klos künftig zu unterlassen und mutwillig in die Ecke zu kacken.

Menschen mit einem ausgeprägten Verhaltens-Immunsystem haben in vielen Bereichen eine besonders konservative Haltung. Zu dem Schluss kommt eine Übersichtsarbeit von 2013, die Daten von 24 Studien zusammenfasst. Leute mit starkem Ekelempfinden und Angst vor Kontamination tendieren eher zu autoritärem Denken, religiösem Fundamentalismus und sind fremden Gruppen gegenüber voreingenommener. Dabei dürfte es sich nicht bloß um vorübergehende Effekte handeln, die einzelne Menschen unter Laborbedingungen betreffen. Auch auf nationaler Ebene finden sich Unterschiede bei konservativen Wertvorstellungen. In Ländern, die historisch besonders stark von Parasitenbefall betroffen waren, herrschen durchschnittlich konservativere Sexualvorstellungen. Außerdem verhalten sich Menschen innerhalb dieser Gesellschaften weniger extrovertiert, sind anderen Ethnien gegenüber fremdenfeindlicher eingestellt und tendieren nicht nur auf individueller Ebene zu autoritärem Denken, sondern auch auf nationaler.

DAS VERHALTENS-IMMUNSYSTEM AUSTRICKSEN

Das Verhaltens-Immunsystem konnte sich deshalb entwickeln, weil es unsere Vorfahren vor Infektionen geschützt hat. Nicht zu erkennen, dass jemand eine Infektionsgefahr darstellt, war oft ein Todesurteil. Im Gegensatz dazu bleibt es meist ohne große Folgen, einem eigentlich gesunden Menschen aus dem Weg zu gehen. Die Vermeidungs-Strategien des Verhaltens-Immunsystems neigen deshalb zur Überreaktion. Sie lassen uns Menschen auch dann meiden, wenn wir rational wissen, dass keine Gefahr für uns besteht. Dazu zählen Menschen mit Behinderungen oder entstellten Gesichtern. Aber auch ganze Bevölkerungsgruppen können von den Vermeidungs-Strategien betroffen sein, zum Beispiel, wenn sie mit exotischem Essen, anderen Hygienestandards und ungewohnten Sexualpraktiken assoziiert werden. Aber ergibt das heute noch Sinn? Immerhin wurden Infektionskrankheiten durch Hygienemaßnahmen und moderne Medizin längst vom Spitzenplatz der Todesursachen verdrängt.

Ob das Verhaltens-Immunsystem in der modernen Welt noch einen Zweck erfüllt, ist bisher kaum erforscht. Die wenigen Untersuchungen, die es gibt, deuten eher darauf hin, dass die Antwort »Nein« lautet. In einer Studie, die einen Zusammenhang zwischen ausgeprägtem Ekelempfinden und besserer Gesundheit gesucht hat, konnte dieser nicht gefunden werden. Es existieren auch keine Daten, die nahelegen, dass konservative Einstellungen oder Fremdenfeindlichkeit mit besserer Gesundheit einhergehen. Man möchte fast annehmen, Fremdenfeindlichkeit wäre nicht mehr angemessen in einer Zeit, in der man den Tag mit einem Wiener Frühstück beginnt, mittags zum Chinesen geht, sich zwischendurch einen Döner gönnt und abends beim Italiener Frutti di Mare mampft. All diese Studien legen nahe, dass das Verhaltens-Immunsystem konservative Wertvorstellungen, autoritäres Denken und die Ablehnung Fremder besonders dann steigert, wenn Menschen akut infektionsgefährdet sind oder zumindest glauben, es zu sein. Der Grund, warum diese Vorsichtsmaßnahmen nicht durchgehend bestehen bleiben, ist, weil es durchaus sinnvoll sein kann, sich extrovertiert und offen zu verhalten. Wir bleiben deshalb verhaltensflexibel, um abhängig von der drohenden Infektionsgefahr die besten Entscheidungen zu treffen. In einer Zeit, in der Infektionskrankheiten jedoch eine immer geringer werdende Gefahr darstellen und die Durchmischung der Populationen unaufhaltsam voranschreitet, könnte sich die Kosten/Nutzen-Rechnung des Verhaltens-Immunsystems zusehends verschlechtern. Man könnte sogar spekulieren, dass das Verhaltens-Immunsystem aus heutiger Sicht mehr Probleme verursacht, als es löst.

Was also könnte man dagegen tun? Mehrere Untersuchungen fanden Hinweise darauf, dass Maßnahmen zur Förderung der öffentlichen Gesundheit nicht nur die Verbreitung von Krankheiten eindämmen könnten, sondern auch Vorurteile gegenüber Fremden. Eine Studie, die 2009 während der Hochsaison der Schweinegrippeepidemie durchgeführt wurde, fand einen Zusammenhang zwischen fehlendem Impfschutz und Fremdenfeindlichkeit. Dazu gab man Versuchsteilnehmern Zeitungsartikel zu lesen, die ihnen die Gefahr der Schweinegrippe ins Gedächtnis riefen. Im Anschluss ließ man sie Rassismus-Tests absolvieren. Ungeimpfte Versuchsteilnehmer schnitten dabei fremdenfeindlicher gegenüber Migranten ab als geimpfte. Es scheint, als hätte das Wissen über den eigenen Schweinegrippe-Impfschutz ihre Offenheit gegenüber Fremden erhöht. Aber selbst einfachste Hygienemaßnahmen könnten sich auf unsere Haltung gegenüber Fremden auswirken. In derselben Studie wurde nach einem Zusammenhang zwischen dem Reinigen der Hände und der Haltung gegenüber Menschen gesucht, die nicht der eigenen Gruppe angehören. Dabei zeigten die Versuchsteilnehmer eine positivere Haltung gegenüber Fremden, wenn sie vor dem Ausfüllen des digitalen Fragebogens ihre Hände und das Keyboard mit einem antibakteriellen Tuch abgewischt hatten. Die Forscher schließen daraus, dass Maßnahmen zur Steigerung der öffentlichen Gesundheit nicht nur zur Vermeidung von Krankheiten dienen könnten, sondern auch zum Abbau von Vorurteilen. Der Zusammenhang zwischen körperlicher Reinigung und psychischem Empfinden wird abseits der Forschung schon lange genutzt. Seit vielen Jahrtausenden dürfen bei religiösen Partys zwei Dinge nicht fehlen: Männer, die Tischtücher als Kleidung tragen, und körperliche Reinigungsrituale. Bei den Christen, Mandäern und der Sikhismus-Fangemeinde werden Sünden bei der Taufe mit Wasser weggewaschen. Ohne Wudu, die rituelle Gebetswaschung im Islam, macht den Muslimen das Preisen und Huldigen nur den halben Spaß. Was diesen Ritualen zugrunde liegt, bezeichnet man als den »Macbeth-Effekt« – benannt nach Shakespeares Lady Macbeth, die sich nach einem Mord immer wieder voller Schuldgefühle die Hände wäscht. Er beschreibt das Phänomen, dass körperliche Reinigung auch unsere geistige Selbstwahrnehmung beeinflusst – insbesondere das Gefühl der moralischen Reinheit. Und wenn man es richtig macht, also mit Seife anstelle von Zauberformeln, können diese Reinigungsriten im Kampf gegen Infektionen tatsächlich hilfreich sein.

Und nun zu den obligatorischen warnenden Worten. All diese Untersuchungen sind mit Vorsicht zu genießen. Um wissenschaftlich robuste Aussagen machen zu können, braucht man sehr viele Studien von verschiedenen Forschungsgruppen, die alle zu einem ähnlichen Ergebnis kommen. Die Erforschung des Verhaltens-Immunsystems ist jedoch sehr jung. Viele der erwähnten Studien hatten nur wenige Versuchsteilnehmer. Vernünftigerweise würde man erst einmal zehn Jahre abwarten, um zu sehen, welche davon in größerem Rahmen wiederholt werden können. Hier der Grund, warum ich nicht so vernünftig bin: Nimmt man die Resultate dieser Untersuchungen ernst, könnten die Folgen des Verhaltens-Immunsystems so bedeutsam sein, dass man sie keinesfalls ignorieren sollte. Wenn viele kleine Studien darin übereinstimmen, dass Fremdenfeindlichkeit durch die unbewusste Angst vor Infektion beeinflusst wird, stehen die Chancen gut, dass etwas dran ist. Trotzdem werden biologische Einflussfaktoren beim Thema Fremdenfeindlichkeit praktisch nie erwähnt. Sollten die Forscher recht behalten und das Gefühl der Verwundbarkeit durch Infektion geht mit Fremdenfeindlichkeit einher, könnte jeder Sieg über eine Seuche unsere Chance auf eine offenere Gesellschaft erhöhen.

DIE VERMESSUNG DER PERSÖNLICHKEIT

Findet man Offenheit gut, könnte man das als Optimierung einer ganzen Gesellschaft betrachten. Wenn Sie aber tief in sich hineinhören, werden Sie vermutlich feststellen, dass Ihnen die Gesellschaft eigentlich egal ist und Sie ohnehin nur an sich selbst interessiert sind. Zu Ihrem Glück lässt sich Offenheit auch auf individueller Ebene steigern. Ganz ohne Händewaschen. Das gelingt sogar binnen kürzester Zeit, sofern Sie bereit sind, das Gesetz zu brechen. Doch bevor Sie sich Ihren wohlverdienten Eintrag ins Strafregister holen, sollten Sie sich zumindest darüber informieren, was Offenheit überhaupt bedeutet. Und wie sich die Persönlichkeit grundsätzlich messen lässt.

Wie würden Sie sich in Ihrem Tinder-Profil beschreiben? »Kevin, 29. Temperament so feurig wie 1 Chilischote, vong Charakter her wie Jesus«? Begriffe wie Temperament und Charakter waren in der Psychologie lange Zeit verbreitet, um die Persönlichkeit eines Menschen zu beschreiben. Sie haben sich jedoch als wenig hilfreich erwiesen und werden in der Forschung nicht mehr verwendet. Ein heute sehr verbreiteter Persönlichkeitstest ordnet Menschen einem von vier Farbtypen zu: Rot, Blau, Grün oder Gelb. Alle davon stehen für bestimmte Persönlichkeitstypen. Besonders Firmen verwenden dieses Vier-Farben Modell gerne, um Mitarbeiter und Führungskräfte leichter einordnen zu können. Es hat den Vorteil, dass es intuitiv Sinn ergibt und leicht zu begreifen ist, allerdings den Nachteil, dass sich seine Aussagekraft nur knapp über der von Horoskopen befindet.

In der modernen psychologischen Forschung hat sich ein anderes Testverfahren durchgesetzt, weil es das mit Abstand aussagekräftigste ist: der »Big-Five-Persönlichkeitstest«. Dabei wird der Charakter eines Menschen in fünf Bereiche unterteilt: Extraversion, Neurotizismus, Offenheit, Verträglichkeit und Gewissenhaftigkeit. Im Gegensatz zu den vier Farben wurde diese Unterteilung nicht willkürlich gewählt. Sie geht zurück auf die systematische Analyse Tausender Begriffe aus Wörterbüchern. Die Grundannahme war, dass die wesentlichen Unterschiede, die zwischen Personen bestehen können, bereits durch entsprechende Begriffe in Wörterbüchern repräsentiert sein müssten. Es stellte sich heraus, dass sich alle Begriffe, die die Persönlichkeit eines Menschen beschreiben, in diese fünf Kategorien einordnen lassen. Durch sogenannte Faktorenanalyse wurden deshalb diese sehr stabilen, voneinander weitgehend unabhängigen Persönlichkeits-Kategorien beschrieben, die heute international das Standardmodell in der Persönlichkeitsforschung bilden.

Um die Persönlichkeit eines Menschen einordnen zu können,

lässt man ihn lange Multiple-Choice-Fragebögen ausfüllen, deren Antworten sich den fünf Kategorien zuordnen lassen. Hier ein paar Beispiele, damit Sie sich etwas darunter vorstellen können:

Extraversion (Geselligkeit): »Ich umgebe mich gerne mit vielen Menschen.«
Neurotizismus (Emotionale Labilität): »Ich bin leicht beunruhigt.«
Offenheit (für Erfahrungen): »Ich interessiere mich sehr für philosophische Diskussionen.«
Verträglichkeit (Rücksichtnahme, Mitgefühl, Höflichkeit): »Ich versuche, zu jedem freundlich zu sein.«
Gewissenhaftigkeit (Perfektionismus, Fleiß): »Ich halte meine Sachen immer sauber und geordnet.«

Im Gegensatz zu dem zuvor erwähnten Vier-Farben-Test werden die Resultate dabei nicht irgendeinem willkürlichen Charaktertypen zugeordnet. Stattdessen vergleicht man die Ergebnisse mit denen der restlichen Bevölkerung – ähnlich wie bei einem IQ-Test. Ein Testergebnis könnte deshalb so aussehen: Perzentilwert Extraversion: 95 (Wären Sie einer von 100 Menschen in einem Raum, wären Sie extrovertierter als 95 davon und weniger extrovertiert als vier). Perzentilwert Gewissenhaftigkeit: 5 (Wären Sie einer von 100 Menschen in einem Raum, wären Sie weniger gewissenhaft als 94 davon und gewissenhafter als fünf). In diesem Fall würde das nahelegen, dass Sie gerne Party machen, sobald es aber ans Aufräumen geht, lieber das Weite suchen.

Stellt man Menschen vor die freie Wahl, treffen sie oft intuitiv Entscheidungen, die ihrer Persönlichkeit nach den Big Five entsprechen. Männer mit niedriger Verträglichkeit entscheiden sich beispielsweise vermehrt für den Militärdienst, während die Verträglichkeitswerte unter Zivildienern höher sind. Im Gegensatz zu Begriffen wie Charakter und Temperament hat der Big-Five-Test einen entscheidenden Vorteil: Er wertet nicht. Es wird keine Aussage darüber getroffen, ob ein bestimmter Messwert eher gut ist oder schlecht. Das würde auch gar nicht funktionieren, weil die Nützlichkeit einzelner Persönlichkeitsmerkmale situationsabhängig ist. Zum Beispiel würde Sie hohe Verträglichkeit zu einem harmonischen Gesprächspartner machen, als Polizist stünde Ihnen diese Eigenschaft aber eher im Weg, weil sie in ausgeprägten Fällen mit enormer Konfliktscheu einhergeht. Neurotizismus macht Sie vielleicht zu einem anstrengenderen Lebenspartner, dafür sind Sie vermutlich besser darin, Ihr mit der Gabel hantierendes Kind von der Steckdose fernzuhalten. Die Big Five sind werteneutral.

Vielleicht haben Sie in einem unvorsichtigen Moment schon einmal den Verdacht geäußert, dass sich die Persönlichkeitsmerkmale zwischen Männern und Frauen im Durchschnitt unterscheiden könnten. Auch Wissenschaftler überkommt dieser Gedanke manchmal. Sie lassen sich dadurch aber nicht zu irgendwelchen »Männer sind vom Mars, Frauen von der Venus«-Hypothesen hinreißen, sondern sperren sich in ihr Büro, um Finanzierungsanträge für aufwendige Untersuchungen zu schreiben. Eine der bisher umfangreichsten erschien Mitte 2018. Dabei wurden die Persönlichkeits-Daten von über 320 000 Menschen ausgewertet und auf Geschlechterdifferenzen untersucht. Männer und Frauen erzielen etwa die gleichen Werte bei Gewissenhaftigkeit und Extraversion. Die Offenheit ist bei Damen geringfügig stärker ausgeprägt als bei den Herren. Größere Unterschiede finden sich jedoch bei Verträglichkeit und Neurotizismus. Da liegen die Frauen deutlich vor den Männern. Diese Eigenschaften waren bei Frauen im Schnitt so viel stärker ausgeprägt, dass, wenn man per Zufall je einen Mann und eine Frau aus der Bevölkerung vergleichen würde, die Frau in zwei Dritteln aller Fälle höhere Neurotizismus-Werte hätte, mitfühlender wäre und altruistischer.

Zu diesem Schluss kommen nicht nur zahlreiche Big-Five-Untersuchungen, sondern auch praktische Verhaltensexperimente. Lange Zeit galt die Grundannahme, mit dem Fortschreiten der gesellschaftlichen Gleichberechtigung und dem Hinterfragen klassischer Geschlechterrollen würden die Persönlichkeitsunterschiede zwischen Männern und Frauen allmählich verschwinden. Doch das stellte sich als Irrtum heraus. Im Gegenteil – Untersuchungen, die zahlreiche Länder miteinander vergleichen, zeigen: Je mehr Wert eine Gesellschaft auf Individualität und Chancengleichheit legt, desto größer werden die gemessenen Persönlichkeitsunterschiede zwischen den Geschlechtern. Damit hatte niemand gerechnet. In den progressiven Niederlanden findet man deutlich markantere Geschlechter-Differenzen als beispielsweise in Zimbabwe. Warum das so ist, weiß man nicht. Doch die größten Übersichtsarbeiten finden stets den gleichen Effekt. Je mehr Aufwand eine Gesellschaft betreibt, um beide Geschlechter gleich zu behandeln, desto ausgeprägter werden die Persönlichkeitsunterschiede.

Es ist ohne Zweifel richtig, dass Männer und Frauen mehr gemeinsam haben, als sie trennt – genetisch, körperlich und psychisch. Und in fast allen messbaren Eigenschaften gibt es größere Unterschiede innerhalb der einzelnen Geschlechter als zwischen ihnen. Trotzdem hat es oft einen faden Beigeschmack, wenn Persönlichkeitsunterschiede zwischen Männern und Frauen angesprochen werden. Teilweise, weil einzelne Persönlichkeitsmerkmale oft als entweder gut oder schlecht betrachtet werden. Besonders Neurotizismus, bei dem Frauen durchschnittlich höhere Werte erzielen, hat keinen guten Ruf. Dabei lassen sich einzelne Persönlichkeitsmerkmale grundsätzlich nicht pauschal als gut oder schlecht abstempeln – sie existieren, weil sie in manchen Situationen sinnvoll sind. Eine Untersuchung an 1,5 Millionen Krankenhauspatienten hat gezeigt, dass Ärztinnen etwas weniger Leute wegsterben als Ärzten. Warum das so ist, weiß man nicht, es gibt jedoch Hinweise. Zum Beispiel hat sich gezeigt, dass Ärztinnen mehr vorbeugende medizinische Maßnahmen treffen als ihre männlichen Kollegen. Woher kommt das? Könnte es mit Persönlichkeitsdifferenzen zusammenhängen? Direkt untersucht wurde das nicht, aber es wäre nicht überraschend. Das konsequente Einhalten vorbeugender Maßnahmen ist genau das, was man von Menschen erwarten würde, die höhere Neurotizismus-Werte aufweisen.

WAGHALSIGE WEGE ZU MEHR OFFENHEIT

Aber bleibt einem die Persönlichkeit ein Leben lang erhalten? Oder spielt sie Bauchumfang und treibt ab 40, was sie will? Die Ergebnisse eines Big-Five-Tests sind relativ stabil. Besonders zwischen dem 30. und dem 70. Geburtstag bleiben die Werte ziemlich unverändert. Wer mit 30 die Gegenstände auf seinem Schreibtisch mit chirurgischer Präzision anordnet (hohe Gewissenhaftigkeit), wird das auch mit 40 noch tun. Wer mit 50 keinen Schritt vor die Haustür machen kann, ohne dem Nachbarn stundenlang die neusten Dorf-Skandale mitzuteilen (hohe Extraversion), wird seine Klappe auch mit 60 kaum halten können. Das könnte damit zu tun haben, dass unsere Persönlichkeit markant von unseren Genen mitbestimmt wird. Etwa 50 Prozent der Unterschiede in den Big-Five-Resultaten zwischen Menschen sind laut zahlreicher Zwillingsstudien genetisch erklärbar. Im Umkehrschluss bedeutet das, dass etwa die Hälfte der Persönlichkeitsunterschiede nicht festgelegt ist.

Im Laufe der Jahre verändert sich die Persönlichkeit der Menschen zwar geringfügig, allerdings meist nach dem gleichen Muster: Gewissenhaftigkeit und Verträglichkeit nehmen zu, Neurotizismus und Extraversion bleiben relativ konstant, wohingegen die

Offenheit für neue Erfahrungen sinkt. Das mit der abnehmenden Offenheit kennen Sie vielleicht. Mit 25 Jahren erscheinen technische Innovationen aufregend und wie der Beginn eines neuen, hypermodernen Zeitalters. Ab 60 sind die gleichen Veränderungen verwirrend, unheilig und schuld daran, dass die Jugend nichts zustande bringt.

Trotzdem gibt es Wege, sich dem Sinken der Offenheit entgegenzustellen. Zwei davon möchte ich Ihnen ganz besonders ans Herz legen.

1. *Verlassen Sie Ihre Frau:* Grundsätzlich ist der Einfluss einzelner Lebensereignisse auf die Persönlichkeitsmerkmale erstaunlich gering. Im Laufe einer Ehe nimmt jedoch die Offenheit für neue Erfahrungen zusehends ab. Erst wenn es zur Trennung kommt, steigt sie wieder an. Allerdings nur bei Männern! Die Herren müssen meist deutlich mehr Initiative zeigen, um beim anderen Geschlecht zu landen. Als Single gibt es für sie deshalb einen besonders starken Anreiz, extrovertiert und offen zu sein. Während der Ehe verliert die Offenheit, die bei der Partnersuche besonders hilfreich ist, an Bedeutung und geht in den Ruhemodus.

2. *Nehmen Sie Drogen:* Halt, halt, halt! Bitte nicht gleich zum Chemiebaukasten laufen und mit der Crystal-Meth-Synthese beginnen. Ich rede von einer ganz bestimmten Droge. Außerdem wäre die Qualität Ihrer Ware eh unter aller Sau, mit Ihrem lächerlichen Chemie-Schulwissen.

Nachdem die Erforschung psychedelischer Substanzen in den 60ern per Gesetzesänderung praktisch verunmöglicht wurde, hat sie in den letzten Jahren an ein paar Universitäten wieder Fahrt aufnehmen können und einen Haufen überaus interessanter Studien hervorgebracht. Besonders in Bezug auf Psilocybin, den halluzinogenen Wirkstoff in Magic Mushrooms, die man in Österreich liebevoll als »Narrische Schwammerl« bezeichnet. Was das Lesen dieser Untersuchungen so spannend macht, sind nicht nur ihre außergewöhnlichen Ergebnisse, sondern auch das seltene Vergnügen, wissenschaftliche Graphen zu sehen, in denen die Achsenbeschriftung »Mystische Erfahrung« lautet. 2011 legten Forscher der Johns-Hopkins-Universität Versuchsteilnehmer auf ein Sofa, setzten ihnen abdunkelnde Augenmasken auf, spielten beruhigende Musik ab und forderten sie auf, sich auf ihr Inneres zu konzentrieren. Das Entscheidende war jedoch, dass man ihnen davor eine hohe Dosis Psilocybin verabreicht hatte. Und schon wurde stundenlang so hart getrippt, dass es Jimi Hendrix eine Nostalgieträne in die Augen getrieben hätte.

Zwei bis fünf dieser »Drogen-Partys für die Wissenschaft« wurden mit den Versuchsteilnehmern im Abstand mehrerer Wochen durchgeführt. Ziel war es, zu testen, ob sich die Persönlichkeit der Probanden durch die Droge beeinflussen lässt. Bei den meisten Persönlichkeits-Kategorien zeigte sich keine Veränderung – bei einer jedoch schon: Die Offenheit der meisten Versuchsteilnehmer war wenige Wochen nach der Behandlung höher als vor den Sofa-Sessions. Dabei hat sich die Offenheit durch wenige Trip-Sitzungen stärker verändert, als sie es gewöhnlich während mehrerer Jahrzehnte Lebenserfahrung macht. Das Erstaunlichste war jedoch, dass selbst ein Jahr nach der Pilz-Erfahrung die Offenheit immer noch erhöht war. Der Effekt war umso stärker, je mehr die Probanden das Ganze als »mystische Erfahrung« wahrgenommen hatten. Es war die erste Studie, die anhaltende Persönlichkeitsveränderungen durch einen kurzen, konkreten Eingriff nachweisen konnte. Andere Arbeiten fanden eine anhaltend erhöhte Wertschätzung von Ästhetik und gesteigerte Naturverbundenheit. Aber wie kommt es dazu?

FORSCHER, DIE MIT PILZEN DEALEN

Haben Sie schon einmal versucht, einem Blinden zu erklären, was der Unterschied zwischen Blau und Violett ist? Sprache funktioniert mitunter deshalb, weil wir grundlegende gemeinsame Erfahrungen haben, auf die wir uns beziehen können. Jemand, der ohne Geruchssinn zur Welt kommt, kann zwar lernen, die Phrase »Flatulenz im Aufzug« sinngemäß zu verwenden – wirklich begreifen wird er den Horror jedoch nie. Es ist deshalb nicht verwunderlich, dass uns die notwendigen Worte fehlen, um Erfahrungen zu beschreiben, die weit abseits aller gewöhnlichen Wahrnehmungen liegen. Dafür wurde Sprache einfach nicht entwickelt. Dementsprechend unbeholfen lesen sich die subjektiven Erfahrungsberichte von Psilocybin-Studienteilnehmern. Krampfhaft wird versucht, das Erlebte mit irgendwelchen Analogien auszudrücken, damit sich Außenstehende etwas darunter vorstellen können. Dabei stößt die Sprache dermaßen an ihre Grenze, dass sich selbst außergewöhnlich kluge Menschen zu Aussagen verleiten lassen, die für Außenstehende außergewöhnlich blöd klingen. Die Klügsten unter ihnen sagen deshalb gar nichts und beschränken ihre Berichte auf die gemessenen Daten, die man mit konservativer wissenschaftlicher Sprache wiedergeben kann. Dadurch lässt sich ein spannendes Phänomen beschreiben, ohne auf Begriffe wie »Lichterscheinung«, »Alles ist eins« und »WOOOOAAAAAAAAA« zurückgreifen zu müssen.

Die außergewöhnlichen Studien der letzten Jahre haben zu einer kleinen Renaissance der Psilocybin-Forschung geführt und dazu, dass mittlerweile nicht nur ungewaschene, haarige Hippies von Magic Mushrooms sprechen, während sie nackt durch den Wald flitzen, sondern immer mehr ernst zu nehmende Wissenschaftler. Die zumindest während der Arbeitszeit nicht nackt durch den Wald flitzen. Stürzen wir uns also auf die hochseriöse Erforschung einer höchst ungewöhnlichen Substanz.

DROGEN SIND WIE KINDER KRIEGEN

In vielen Kulturen waren psychedelische Pilze fixer Bestandteil der abgefahrensten Rituale. Die Azteken beispielsweise bezeichneten sie als ›Fleisch der Götter‹. Sie wissen schon, dieses eigensinnige Völkchen, das Leuten, die kurz unaufmerksam waren, die Herzen herausschnitt, um sie danach von der Pyramide zu stupsen. Verglichen mit Azteken waren die Versuchsleiter der folgenden Psilocybin-Studien vermutlich ziemlich liebenswerte Kerle. Und im Gegensatz zu den opferlastigen Drogenexzessen irgendwelcher Urvölker konnten sie mit ihren Psilocybin-Experimenten tatsächlich etwas Sinnvolles bewirken.

2006 ging man in einer Studie einer eher ungewöhnlichen Frage nach: Kann man unter entspannten Laborbedingungen gezielt das hervorrufen, was Menschen typischerweise als mystische oder spirituelle Erfahrung bezeichnen? Und welchen Einfluss haben solche Erfahrungen auf die Leute? Auch hier wurden die Versuchsteilnehmer mit Augenmasken auf ein Sofa gelegt, während klassische Musik ihre Ohren verwöhnte und man ihnen eine hohe Dosis Psilocybin gab. In den folgenden Stunden durchlebten sie alle möglichen Stimmungszustände und Wahrnehmungsveränderungen. Um das Ganze verarbeiten zu können, gab man ihnen zwei Monate Zeit und ließ sie daraufhin Fragebögen ausfüllen, um zu erfahren, wie sie den Trip empfunden hatten. Viele von den Studienteilnehmern bezeichneten die Psilocybin-Erfahrung als ein ebenso bedeutsames Lebensereignis wie die Geburt ihres ersten Kindes oder den Tod eines Elternteils. Ganze 33 Prozent von ihnen bezeichneten es sogar als das spirituell bedeutsamste Ereignis ihres ganzen Lebens. Weitere 38 Prozent ordneten es zumindest unter den Top 5 ein. Würde die katholische Kirche mehr wissenschaftliche Fachliteratur lesen, hätte sie die ungewürzten Weizen-Hostien längst ausgetauscht und würde zur Schwammerl-Verkostung zum Altar bitten.

Mehr als drei Viertel der Studienteilnehmer gaben an, ihre Lebenszufriedenheit hätte sich durch die Psilocybin-Sitzungen erhöht. Das Gegenteil davon behauptete kein einziger. Die Teilnehmer wurden außerdem darum gebeten, das subjektiv Erlebte niederzuschreiben, so gut sie können. Dabei beschrieben viele ein Gefühl, reines Bewusstsein ohne Inhalt zu sein und dass alles irgendwie eins ist. Das übliche Hippie-Drogen-Blabla eben, nur unter wissenschaftlicher Obhut. Es war diese Untersuchung, die den Grundstein für die zahlreichen Psilocybin-Studien der darauffolgenden Jahre legte.

Doch wieso lassen sich vernünftig aussehende Menschen durch ein so simples Molekül wie Psilocybin zu derart semi-esoterischen Aussagen verleiten? Die Antwort findet man nicht bei Göttern, Kobolden oder Großstadtschamanen, sondern in unserem Gehirn. Letztlich muss unser Denkorgan alles, was wir empfinden, denken und wahrnehmen, irgendwie aktiv konstruieren. Auch Dinge, die uns so selbstverständlich erscheinen wie die Feststellung, dass wir ein einzelnes Wesen sind, das sich durch diese Welt bewegt. Pausenlos bastelt unser Gehirn all die Sinneseindrücke, die durch die verschiedensten Kanäle in unser Denkorgan strömen, zu einer einheitlich wirkenden Wahrnehmung zusammen. Egal, wie selbstverständlich etwas erscheint – zum Beispiel, dass Sie und eine Packung Mich zwei verschiedene Dinge sind –, all das muss irgendwo im Gehirn erarbeitet werden. Lange Zeit ging man davon aus, Psychedelika würden die Gehirnaktivität auf chaotische Weise steigern. Intuitiv wäre das naheliegend, denkt man an das Feuerwerk aus Farbwahrnehmungen und absurd klingenden emotionalen Zuständen, von denen Pilz-Fans häufig berichten. Forscher waren deshalb sehr überrascht, in Gehirnscans das genaue Gegenteil zu finden: Unter Psilocybin-Einfluss nahm die Gehirnaktivität ab.

Doch wie kann ein Sinken der Gehirnaktivität dazu führen, dass die Reichhaltigkeit der Wahrnehmungen zunimmt? Eine mögliche Erklärung bietet die »Reducing valve«-Hypothese, zu Deutsch: Reduzierventil. Demnach besteht eine wichtige Funktion unseres Gehirns darin, die enorme Flut an ständig auftauchenden Wahrnehmungen auf das Minimum zu reduzieren, das für ein sinnvolles Handeln notwendig ist. Ein Mechanismus, der den Fokus unseres Bewusstseins auf die Wahrnehmungen lenkt, die für unser Alltagsleben benötigt werden, und alle anderen ausblendet. Grundsätzlich ist es unumstritten, dass nur ein Bruchteil unserer Wahrnehmungen es in unser Bewusstsein schafft. Wenn Sie in einem Raum sitzen, in dem eine Uhr tickt, nehmen Sie das Ticken oft so lange nicht wahr, bis Sie darauf hingewiesen werden. Ihr Gehirn hat die Wahrnehmung als irrelevant und störend erkannt und herausgefiltert, lange bevor sie in Ihr Bewusstsein trat. Vermutlich war Ihnen auch nicht bewusst, wie sich Ihr linkes Ohr in diesem Moment anfühlt, ehe Sie diese Worte gelesen haben. Solange keine Schmerzen auftreten, die eine Handlung erfordern, hat Ihr Bewusstsein keine Verwendung für diese Wahrnehmung. Die Aufgabe des »Reduzierventils« besteht darin, den Großteil all unserer Wahrnehmungen herauszufiltern, um die begrenzte Kapazität unseres bewussten Denkens nicht zu sprengen. Nimmt man an, dass Psilocybin die Funktion dieser Filtermechanismen vorübergehend stören könnte, wird es vorstellbar, wie eine Reduktion der Hirnaktivität zu einer Flut an Sinneseindrücken führen kann, die so intensiv und hyperreal wirkt, dass Leute sie oft als überwältigend beschreiben.

Vor allem in Gehirnregionen, die zum sogenannten »Default Mode Network« (DMN) gehören, nimmt die Aktivität durch Psilocybin besonders ab. Der Name stammt daher, dass dieser Bereich des Gehirns auch dann aktiv bleibt, wenn man Menschen auffordert, einfach dazuliegen und an nichts Besonderes zu denken. Das DMN wurde erst 2001 entdeckt, doch man weiß bereits, dass es in viele Prozesse involviert ist, die unsere Selbstwahrnehmung bestimmen: Selbstreflexion, das Nachdenken über unsere Vergangenheit und Zukunft und unser autobiografisches Gedächtnis, das aus dem, was uns zustößt, eine zusammenhängende Geschichte bastelt. Anders ausgedrückt: Das DMN ist der Sitz des »Ichs«, unseres Egos. Es konstruiert die Vorstellung, ein im Laufe der Zeit relativ gleichbleibendes »Selbst« zu besitzen.

Psychedelika wie Psilocybin sind in der Lage, die Aktivität des DMN so stark zu reduzieren, dass die Vorstellung, ein eigenständiges »Ich« zu sein, nicht mehr aufrechterhalten werden kann. Gehirnscans haben gezeigt: Je niedriger die Aktivität des DMN, desto höher die Wahrscheinlichkeit, während eines Mushroom-Trips das zu erleben, was man als »Auflösung des Egos« bezeichnet. Es ist der Verlust des Gefühls, ein »Ich« zu besitzen, das abgegrenzt von der Außenwelt existiert. Stattdessen stellt sich das Gefühl ein, als pures, körperloses Bewusstsein zu existieren, das eins ist mit der Umwelt und allem, was darin herumkrabbelt. Es ist dieses Gefühl, über den eigenen Haufen Fleisch hinauszuwachsen, das oft als spirituell bedeutsam beschrieben wird. Und darin vermutet man auch den Grund, warum Psilocybin schwerkranken Menschen dabei helfen kann, sich auf eine der größten denkbaren Tragödien vorzubereiten: den Tod.

In einer der bisher umfangreichsten Untersuchungen psychedelischer Substanzen gab man Krebspatienten jeweils eine einzelne, hohe Dosis Psilocybin. Die Patienten hatten lebensbedrohliche Diagnosen erhalten, demensprechend litten viele von ihnen unter großer Angst vor dem Sterben. Doch das änderte sich zum Teil. Bei mehr als drei Viertel aller Studienteilnehmer führte die Psilocybin-Session zu einer viele Monate andauernden Reduktion der Todesangst und der depressiven Stimmung. Sie berichteten außerdem von einer erhöhten Lebensqualität, gesteigertem Optimismus und dem verstärkten Gefühl, ihr Leben habe einen Sinn. Keine andere Substanz in der psychiatrischen Forschung hat jemals durch eine einzelne Dosis zu derart ausgeprägten und anhaltenden Effekten geführt. Den Grund vermutet man darin, dass der Wirkmechanismus ein vollkommen anderer ist als bei herkömmlichen angstlösenden Medikamenten. Studienteilnehmer berichten von einem veränderten Blickwinkel auf den eigenen Tod, weil sie ihn durch Psilocybin bereits wie bei einer Generalprobe durchlebt haben. Wenn das DMN seine Aktivität herunterfährt, geht die Vorstellung des »Selbst« verloren, und Menschen erleben die Auflösung des Ich-Gefühls. Es ist, als könnte man das Verschwinden des eigenen Individuums miterleben, während das Bewusstsein aber weiterexistiert und dabei zusehen kann. Als würde man sein eigenes Ende miterleben und merken, dass dabei eigentlich nichts Schlimmes passiert. Irgendwann kehrt das Ich-Gefühl jedoch zurück, weshalb »Tod und Wiedergeburt« eine häufig gewählte Formulierung ist, wenn Menschen versuchen zu beschrieben, was sie während ihres Trips wahrgenommen haben. Ein beruhigendes Gefühl für Leute, deren Tod tatsächlich bevorsteht.

Aber auch für Menschen, die nicht akut am Abdanken sind, könnte Psilocybin interessant sein. Eine kleine Studie fand 2017 heraus, dass Verhaltenstherapie, kombiniert mit zwei bis drei Psilocybin-Erfahrungen, deutlich effektiver darin war, Menschen das Rauchen langfristig abzutrainieren, als irgendeine andere bekannte Entwöhnungs-Methode. Auch hier dürfte der Wirkmechanismus etwas ungewöhnlicher sein. Einer der Studienteilnehmer begründete seine andauernde Abstinenz damit, dass ihm während des Trips bewusst wurde, wie wertvoll eigentlich sein Atem ist. Solche Momente, in denen Probanden etwas klar wird, was sie rein intellektuell eigentlich eh längst wissen, bezeichnen die Studienleiter liebevoll als »duh moments« – das englische Gegenstück zum wienerischen »Ah geh« beziehungsweise »Nanonanet«. Auch in dieser Untersuchung behaupteten fast alle Teilnehmer, die Psilocybin-Erfahrung sei eine der bedeutsamsten und spirituell wichtigsten ihres Lebens gewesen.

Ich weiß, was Sie jetzt denken. Und die Antwort lautet: Nein. Es ist nicht und war nie mein Ziel, Ihnen Drogen zu verkaufen! Ich mag nicht einmal das Wort »Drogen«, weil es zahlreiche Substanzen, die oft wenig miteinander zu tun haben, in eine Kategorie presst. Dadurch werden Stoffe, die so großes medizinisches Potenzial haben wie Psilocybin, auf eine Ebene gestellt mit eher ungustiösen Substanzen wie Heroin und Crack. Sinnvoller ist es, diese Stoffe getrennt zu betrachten. Also, wie gefährlich sind Pilze nun?

IST DAS NICHT GEFÄHRLICH?

2010 setzten sich ein paar wissenschaftliche Drogenexperten zusammen, um die Gefährlichkeit von 20 verschiedenen Rauschmitteln einzuordnen. Nicht, um zu entscheiden, in welcher Reihenfolge sie sich das Zeug danach reinziehen sollten, sondern als Entscheidungshilfe für die Drogenpolitik des Vereinigten Königreichs. Mithilfe eines Kriterienkatalogs ordneten sie ein, wie schädlich die verschiedenen Drogen sind. Dabei unterschieden sie zwischen der Gefahr für den Konsumenten selbst, zum Beispiel durch Abhängigkeit und gesundheitliche Schäden, und der Gefahr für andere, beispielsweise durch erhöhte Gewaltbereitschaft. In dem Bericht kritisierten die Experten, dass die Drogenpolitik des Vereinigten Königreichs sehr wenig mit der tatsächlichen Gefährlichkeit der Rauschmittel zu tun hat. Von allen begutachteten Substanzen schnitt keine als so sicher ab wie Psilocybin-Pilze. Ihr Schadenspotenzial entspricht einem Bruchteil dessen von Alkohol und Nikotin.

Teil des Expertenkomitees war der britische Neuropsychopharmakologe David Nutt. Er veröffentlichte über 400 Forschungsarbeiten, 27 Bücher und acht Regierungsberichte, insbesondere über Drogen. Wirklich bekannt wurde er aber durch seine Aussagen zu den Risiken dieser Substanzen, die er so objektiv formuliert, dass sie schon wieder kontrovers sind. Beispielsweise verglich er in einer britischen Fachzeitschrift die Gefahren der Disco-Droge Ecstasy (MDMA) mit der des Pferdereitens. Im direkten Vergleich führt Reiten häufiger zu Gesundheitsschäden, nämlich in einer von 350 Reitepisoden, gegenüber einer von 10 000 Ecstasy-Episoden. Außerdem endet Reiten durch Stürze und Auto-Kollisionen häufiger tödlich als Ecstasykonsum. In beiden Fällen handelt es sich um Freizeitaktivitäten, die ausschließlich dem Vergnügen dienen. Nutt argumentiert deshalb, es sei irrational, ein Verbot von Ecstasy mit der Gefahr für Konsumenten zu begründen. Das muss man natürlich nicht so sehen. Wenn Ihre Tochter in das »Ich mag ein Pony«-Alter kommt, drücken Sie ihr auch keinen Sack Tabletten in die Hand und sagen »Geh lieber mal auf einen fetten Rave«. Als Gedankenexperiment ist es trotzdem interessant.

Natürlich sind Drogen niemals ohne Risiken. Zwischen ihnen bestehen jedoch gewaltige Unterschiede. Eine Untersuchung an fast einer halben Million Amerikanern konnte zeigen, dass der langjährige Konsum fast aller Drogen mit einer erhöhten Verbrechensrate einhergeht. Dabei gibt es jedoch eine große Ausnahme: Leute, die psychedelische Substanzen wie Psilocybin oder LSD konsumierten, begingen deutlich weniger Diebstähle und Gewaltverbrechen als Menschen, die mit psychedelischen Substanzen nichts am Hut hatten. Das dürfte nicht bloß daran liegen, dass sich vermehrt Menschen zu Psychedelika hingezogen fühlen, die von Haus aus über einen friedfertigen Charakter verfügen. Andere Studien konnten nämlich zeigen, dass psychedelische Substanzen tatsächlich das Potenzial besitzen, antisoziales Verhalten zu reduzieren. Forscher wollen nun herausfinden, welche Faktoren dafür verantwortlich sind. Man vermutet, dass es die typisch psychedelische Erfahrung der Einheit und Transzendenz ist, die sich positiv auf die psychische Gesundheit und das soziale Verhalten auswirkt.

Kann man dabei von einer Verbesserung der Menschen sprechen? Sollten die Wasserwerke der Stadt Wien zwecks Weltfrieden LSD durch die Leitungen pumpen? Und könnten wir dann überhaupt wissen, ob die Welt tatsächlich besser wurde oder wir das nur halluzinieren? Als wie gerecht wir die Welt wahrnehmen, hängt von vielen Faktoren ab. Einer ist vermutlich, wie gerecht die Welt tatsächlich ist. Ein anderer ist Attraktivität. Wussten Sie, dass attraktive Menschen die Welt als eine gerechtere wahrnehmen als unattraktive? Ich für meinen Teil finde ja, dass wir in einer extrem gerechten Welt leben! Sie bestimmt auch. Selbst wenn Sie sich jeden Morgen fragen, warum so viele hässliche Spiegel im Haus hängen. Was einen Menschen sexuell anziehend macht, geht allerdings, um eine elegante Brücke zum nächsten Kapitel zu schlagen, weit über die sichtbare Attraktivität hinaus. Das kann sogar so weit gehen, dass wir jemandem gegenüber romantische Gefühle empfinden, die eigentlich gar keine sind.

ATTRAKTIV UND DOMINANT

»Don't know much about history. Don't know much biology. Don't know much about a science book. Don't know much about the French I took. But I do know that I love you. And I know that if you love me, too – what a wonderful world this would be.« – Liedtext von Sam Cooke, »Wonderful World«.

Zu Beginn meines Biologie-Studiums setzte ich mich öfters mit befreundeten Studienkollegen zusammen, um mit ihnen gemeinsam für die gefürchtete Rauswurf-Prüfung in Chemie zu lernen. Wir waren angespannt, denn mit einer Durchfallquote von 80 Prozent hatte sie eine ähnliche Versagensrate wie die Aufnahmetests der Navy Seals. Phasenweise war das ziemlich demotivierend. Doch immer wenn die Frustration ihren Höhepunkt erreichte, versuchte TomTom (Spitzname) die Moral zu heben, indem er die Anfangszeilen von »Wonderful World« sang – mit besonderer Betonung des »Don't know much biology«-Teils. Die Kernaussage des Liedes lautet, dass es im Leben wichtigere Dinge als objektives Fachwissen gibt und dass man sich dieser Dinge sicher sein kann – beispielsweise, wie sehr man in jemanden verliebt ist. Aber stimmt das überhaupt? Oder kann man sich bei seinen eigenen Emotionen täuschen?

Liebe und Attraktivität scheinen oft keiner durchschaubaren Logik zu folgen. Umgangssprachlich sagt man deshalb, dass Liebe blind macht. Das ist natürlich Blödsinn, sonst wäre Reizwäsche nicht ein solcher Verkaufsschlager. Derartige Widersprüche nehmen Wissenschaftler nicht einfach hin, sondern forschen eifrig an den versteckten Einflussfaktoren, die Attraktivität so undurchschaubar machen.

1974 veröffentlichten zwei amerikanische Psychologen die Ergebnisse ihres mittlerweile berühmten Experiments, das sie auf zwei Fußgängerbrücken über dem Capilano Canyon in Kanada durchgeführt hatten. Eine der Brücken war eine wacklige, schmale Hängebrücke, die etwa 70 Meter über Felsbrocken im Sturm schwankte. Die andere Brücke war breit, stabil und befand sich in niedriger Höhe über einem idyllischen Fluss. Männer, die diese Brücken überquerten, wurden dabei von einer attraktiven jungen Frau angesprochen, die Teil des Forscherteams war. Die hübsche Dame bat die Männer, einen Fragebogen auszufüllen, und gab ihnen ihre Telefonnummer, falls sie weitere Fragen haben sollten. In den darauffolgenden Tagen wurde die junge Frau von mehreren Versuchsteilnehmern angerufen. Dabei fiel auf, dass sie deutlich häufiger von den Männern angerufen wurde, die ihr auf der gefährlichen Brücke begegnet waren. Außerdem schrieben diese Männer beim Ausfüllen des Fragebogens öfter über sexuelle Themen als die, die über die sichere Brücke gegangen waren. Woher kommt das?

DIE FEHLZUSCHREIBUNG DER *ERREGUNG*

Eine Erklärung liefert ein Phänomen, das man als »Fehlzuschreibung der Erregung« bezeichnet. Die meisten Leute denken, dass wir zuerst eine Emotion empfinden und danach die körperlichen Begleiterscheinungen wahrnehmen. Beispielsweise, dass wir jemanden attraktiv finden, woraufhin sich unser Herzschlag beschleunigt und unsere Hände anfangen zu schwitzen. Tatsächlich dürfte es aber umgekehrt sein: Wir nehmen zuerst die körperliche Reaktion wahr und suchen danach eine Erklärung dafür. Während wir eine Klausur schreiben, fällt es uns leicht, das Schwitzen, Zittern und die Pulsbeschleunigung darauf zurückführen, dass wir zu viel Zeit bei Netflix verbracht haben und zu wenig mit Lernen. Allerdings können verschwitzte Hände und erhöhter Puls auch ganz andere Gründe haben als Prüfungsangst – beispielsweise, dass man jemandem gegenübersteht, den man ungeheuer sexy findet. Befindet man sich nun gleichzeitig in mehreren Situationen, die jeweils die gleichen körperlichen Symptome verursachen, fällt es uns schwer festzustellen, was deren Ursache ist. Im Fall des Brückenexperiments bedeutet das, dass die Versuchsteilnehmer nicht klar unterscheiden konnten, ob sie deshalb so aufgeregt waren, weil sie auf einer wackligen Brücke standen, oder ob es doch an der Attraktivität der hübschen Dame lag. Das führte dazu, dass sie von 50 Prozent der Männer von der gefährlichen Brücke angerufen wurde, jedoch nur von 12,5 Prozent der Männer, die über die langweilige Brücke spaziert waren.

Neuere Untersuchungen finden ähnliche Effekte. Menschen bewerten Fotos des anderen Geschlechts als attraktiver, wenn sie davor in einer aufregenden Achterbahn gefahren sind. Außerdem geben sie nach der Fahrt eher an, mit der Person auf dem Foto ein Date haben zu wollen. Die Fehlzuschreibung der Erregung könnte einer der Gründe sein, warum sich Turteltäubchen gerne Horrorfilme im Kino ansehen. Allerdings kann der Schuss auch nach hinten losgehen. Findet man sein Gegenüber nämlich von Grund auf unattraktiv und abstoßend, kann auch diese Wahrnehmung durch Fehlzuschreibung der Erregung verstärkt werden. Schauen Sie sich mit Ihrem Date also lieber nicht »Herr der Ringe« an, wenn Sie selbst aussehen wie ein Ork.

Eine Studie der Universität Wien konnte 2017 zeigen, dass auch Musik unsere Wahrnehmung der Attraktivität beeinflusst. Vorab wurden die Musikstücke danach bewertet, wie anregend sie von Hörern empfunden wurden. Danach wurden Frauen die unterschiedlichen Musikstücke vorgespielt, woraufhin sie die Attraktivität männlicher Gesichter auf einem Bildschirm beurteilen sollten. Je anregender die Musik war, desto attraktiver fielen die Beurteilungen aus und desto eher gaben die Damen an, mit den abgebildeten Männern auf ein Date gehen zu wollen. Auch hier hatte sich das anregende Gefühl, das von der Musik hervorgerufen wurde, unbemerkt auf den Anblick der potenziellen Sexualpartner übertragen. Die Untersuchung zeigt, wie wichtig die Arbeit guter DJs ist, um dem Liebesleben unbeholfener Discogänger auf die Sprünge zu helfen. Wobei die Musikstücke keine klassischen Party-Hits waren. Es handelte sich um Klaviermusik aus dem 19. Jahrhundert, die eigentlich nicht dafür bekannt ist, die Ladies dahinschmelzen zu lassen. Aber hey, man sagt Mozart nicht ohne Grund nach, an Syphilis gestorben zu sein.

TESTOSTERON – EIN MISSVERSTANDENES HORMON

Auf so billige Tricks sind Genetiker natürlich nicht angewiesen. Sollte das mit der körperlichen Attraktivität nicht passen, stellen sie einfach ein paar Moskitos her, die nicht Blut saugen, sondern Fett. Außerdem genießen Forscher ein dermaßen hohes gesellschaftliches Ansehen, dass ihnen sowieso niemand widerstehen kann. Status ist neben Attraktivität einer der Faktoren, der bei der Partnerwahl eine große Rolle spielt. Sagt man zumindest. Aber stimmt es auch? 1986 baten Psychologen Versuchsteilnehmer darum, 76 menschliche Eigenschaften danach zu bewerten, wie wichtig sie bei der Partnerwahl sind. Als Top Drei kamen heraus: »gütig und verständnisvoll«, gefolgt von »aufregende Persönlichkeit« und »Intelligenz«. Attraktivität und Status spielten dabei keine nennenswerte Rolle. Das Fazit der Studie: Menschen lügen, als gäbe es kein Morgen! Experimente, die nicht messen, was Leute bei Fragebögen angeben, sondern wie sie tatsächlich handeln, zeigen, dass körperliche Attraktivität von enormer Bedeutung ist, dicht gefolgt von Status – wie auch immer man ihn messen möchte: Einkommen, Ausbildung, et cetera.

Besonders Männer profitieren bei der Partnerwahl davon, einen hohen gesellschaftlichen Status zu haben. Damit sie einen solchen erreichen, bekommen sie Unterstützung von einer Substanz, die hochdosiert durch ihr Blut schwimmt: Testosteron. Lange Zeit wurde dem Sexualhormon nachgesagt, es würde Aggressionen fördern. Das ist nicht direkt falsch, trifft aber nur auf manche Situationen zu. Frühere Testosteron-Studien wurden häufig mithilfe von Gefängnisinsassen durchgeführt. Dabei hat sich gezeigt, dass hohe Testosteronwerte mit aggressivem Verhalten einhergehen. Heute weiß man, dass Testosteron auf viel komplexere Weise wirkt. Es erhöht allgemein die Motivation, in sozialen Hierarchien aufzusteigen. Unter Straftätern, bei denen der Stärkste oft am meisten zu sagen hat, führt das dazu, dass Testosteron die Aggression fördert. In einem Großraumbüro wird man hingegen eher selten befördert, nur weil man dem großen Tätowierten aus dem Nebenbüro einen Kinnhaken verpasst.

Eine vor Kurzem erschienene Studie fand, dass sich Männer nach der Verabreichung von Testosteron vermehrt zu Konsumgütern hingezogen fühlen, die als Statussymbole gelten. Andere Untersuchungen zeigen, dass Testosteron ebenso soziale, nicht-aggressive Verhaltensweisen fördern kann, sofern sie dabei helfen, in einer Hierarchie aufzusteigen. In manchen Studien steigerte die Verabreichung des Hormons die Großzügigkeit, Ehrlichkeit und Kooperationsbereitschaft der Studienteilnehmer. Wenn die Bedingungen passen, ist Testosteron also nicht so schlecht wie sein Ruf.

Was könnte man also tun, wenn man mehr davon haben möchte? Wieder ein paar praxistaugliche Tipps:

1. *Fangen Sie eine Schlägerei an:* Bereits die Erwartung, sich in einen Wettkampf zu begeben, lässt die Testosteronwerte von Männern nach oben schießen. Dabei muss es sich nicht gleich um eine Hinterhofprügelei handeln, auch legale sportliche Wettbewerbe erfüllen diesen Zweck. Die Testosteronwerte steigen sogar im Laufe eines Frisbee-Turniers. Und je mehr Personen des anderen

Geschlechts dabei anwesend sind, umso mehr Testosteron wird ausgeschüttet. Was uns gleich zum nächsten Punkt bringt.

2. *Plaudern Sie mit attraktiven Frauen:* In einer Studie ließ man männliche Studenten kurze Unterhaltungen führen – entweder mit Frauen oder mit anderen Männern. Dabei stiegen die Testosteronwerte nur an, wenn sich die Männer mit Frauen unterhielten. Besonders hoch waren sie außerdem bei den Versuchsteilnehmern, die sich am meisten Mühe gaben, die Frauen zu beeindrucken. Eine andere Studie konnte zeigen, dass Unterhaltungen mit Frauen das Testosteron besonders dann ansteigen lassen, wenn der letzte Sex der Männer mehr als einen Monat zurückliegt.

3. *Kaufen Sie sich einen Porsche:* Während Männer entweder in einem nagelneuen Porsche Cabrio oder einem 19 Jahre alten Toyota-Camry-Familienauto durch die Gegend flitzten, wurden ihre Testosteronwerte gemessen. Dabei ließ der Porsche den Testosteronspiegel der Männer ansteigen, das Familienauto jedoch nicht.

Wenn Sie zu schüchtern sind, um mit Frauen zu sprechen, zu unsportlich, um an einem Frisbee-Turnier teilzunehmen, und Sie sich mit großer Mühe ein Fahrrad, sicher aber keinen Porsche leisten können, wird es Sie freuen zu hören, dass es auch andere Mechanismen gibt, die dominantes Auftreten beeinflussen können und Status signalisieren. Bei vielen Tierarten stehen hohe Testosteronwerte und Dominanz in Zusammenhang mit der Farbe Rot. Zum Beispiel wird die Haut von Mandrill-Primaten rötlicher, wenn sie sich den Rang eines Alphamännchens erkämpfen. Verlieren sie diese Position, kommt hingegen die blaue Farbe ihrer Haut stärker zur Geltung. Es hat sich sogar gezeigt, dass Rhesusaffen Wissenschaftler dann besonders meiden, wenn Letztere rote Kleidung tragen. Vielleicht haben Sie mit diesen Primaten mehr gemeinsam, als Sie denken. Studien haben gezeigt, dass die Rotfärbung der menschlichen Haut mit den Testosteronwerten korreliert. Darüber hinaus ändert sich diese Färbung abhängig von unseren Gefühlszuständen, wobei die Rötung durch Wut gesteigert wird, durch Angst jedoch reduziert. Möchten Sie dominanter wirken, können Sie sich also eine Stunde in die pralle Sonne legen und so lange einen auf Testosteron-Bombe machen, bis sich die rote Haut wieder von Ihrem Körper ablöst.

Alternativ könnten Sie sich auch einfach ein rotes T-Shirt anziehen. Laut neuen Untersuchungen wirken Männer in roten T-Shirts anderen Männern gegenüber aggressiver und dominanter als blau oder grau gekleidete. Und das nicht ohne Grund: Tatsächlich wählen Männer mit hohen Testosteronwerten vor Wettkämpfen vermehrt rote Kleidung, wenn man ihnen die Wahl lässt.

Rote Shirts könnten aber auch dann einen Effekt haben, wenn man sie nicht selbst auswählt. Bei den Olympischen Spielen 2004 wurden den Teilnehmern von vier Kampfsportarten per Zufall entweder rote oder blaue Outfits angezogen. In allen vier Disziplinen und in allen Gewichtsklassen haben die Träger der roten Kleidung häufiger gewonnen als die der blauen. Auch in anderen aggressiven Sportarten wie Fußball findet man Hinweise auf bessere Siegeschancen mit roten Trikots. Eine mögliche Erklärung dafür wäre, dass die Signalfarbe auf Konkurrenten einschüchternd wirkt. Eine mögliche Spätfolge unserer evolutionären Vergangenheit. Als Wermutstropfen möchte ich jedoch erwähnen, dass Leute in roten Shirts bei »Star Trek« immer als Erstes sterben.

DURCH BLAULICHT ZUM BOSS

Doch auch ohne bunte Farben und Hormontherapien könnte es einen Weg geben, das Streben nach Status zu beeinflussen. Wissenschaftlern ist es 2017 gelungen, unterwürfige Mäuse durch einen direkten Eingriff in das Gehirn an die Spitze der Nager-Hierarchie zu katapultieren. Dabei konnten die Forscher rangniedere Tiere in

Sekundenbruchteilen zu durchsetzungsfähigen Mäusen machen, die aus fast allen Konfrontationen als Sieger hervorgingen. Welche Maus sich innerhalb einer Rangordnung an der Spitze befindet, erkennt man daran, dass sich dominante Mäuse die warmen Ecken im Käfig sichern, bevorzugten Zugang zu Futter erhalten und das ganze Territorium schamlos vollurinieren. Am besten kann man die soziale Struktur aber mithilfe des sogenannten Röhren-Tests bestimmen. Dabei lässt man von beiden Seiten einer engen Röhre gleichzeitig jeweils eine Maus hineinklettern, wobei die hierarchisch höherstehende Maus die untergebene zurückdrängt und rückwärts aus der Röhre schubst. Ähnlich wie diese grauenhaften Leute, die in die U-Bahn einsteigen, ehe sie die anderen haben aussteigen lassen.

Seit einiger Zeit vermuten Forscher, dass eine Gehirnregion namens dorsomedialer präfrontaler Cortex (dmPFC), die an der Stirnseite des Großhirns liegt, für Sozialverhalten und Dominanz verantwortlich ist. Bei Tieren, die in einer sozialen Hierarchie leben, ist diese Hirnregion unter anderem dafür zuständig, dass sich die Individuen über ihre Position in dieser Struktur bewusst werden. Auch wir zählen zu diesen Tieren, nur dass unsere Sozialstruktur nicht aus einer einzelnen Hierarchie besteht, sondern sich jeder Mensch in einer Vielzahl unterschiedlicher Hierarchien zugleich befindet. Betreten wir eine Polizeiinspektion, begeben wir uns damit in eine andere hierarchische Struktur, als sie beispielsweise an der Universität oder im Kreise der Familie herrscht.

Üblicherweise bleiben solche Hierarchien, sobald sie sich etabliert haben, im Laufe der Zeit relativ stabil. Auch bei Mäusen – außer man experimentiert an ihrem dmPFC herum. Die Forscher verwendeten eine Methode namens Optogenetik. Dabei bringt man mithilfe von Viren ein Gen in Gehirnzellen ein, das die Zellen lichtempfindlich macht und zum Feuern anregt, sobald sie mit blauem Licht bestrahlt werden. Auf diese Weise lassen sich Gehirnregionen, die mit den Viren infiziert wurden, quasi mit Lichtgeschwindigkeit aktivieren. Dazu steckt man den Mäusen ein Licht leitendes Glasfaserkabel in den Kopf und legt den Schalter um. Auf diese Weise machten die Forscher den dmPFC der Mäuse lichtempfindlich und führten anschließend den Röhren-Test mit ihnen durch. Normalerweise setzt sich dabei das ranghöhere Männchen durch. Wenn die Forscher aber das blaue Licht einschalteten und damit die Dominanz-Hirnregion der untergeordneten Mäuse aktivierten, wurden diese in Sekundenschnelle zur Kämpfernatur und gewannen fast alle Konfrontationen – auch mit Artgenossen, gegen die sie unter normalen Umständen keine Chance gehabt hätten. Die Testosteronwerte der Tiere blieben dabei unverändert, und auch ihre allgemeine Aggressivität wurde nicht gesteigert. Die Aktivierung erhöhte lediglich die Beharrlichkeit der Mäuse, ihren Mut und ihre Motivation, sich in der Hierarchie nach oben zu kämpfen.

Besonders interessant wurde es aber, als die Forscher das Licht wieder abschalteten. Die meisten Mäuse fielen daraufhin in ihre alte Rolle zurück und ordneten sich in der Rangordnung wieder hinten ein. Aber nicht alle. Diejenigen, die durch das blaue Licht beim Röhren-Test mindestens sechs Mal gewonnen hatten, blieben auch dann noch dominant, wenn ihr Gehirn nicht mehr optogenetisch gedopt wurde. Diese Mäuse entwickelten in der Gehirnregion effizientere Nervenleitungen und hielten sich daraufhin langfristig an der Spitze der Hierarchie. Man kennt dieses Phänomen auch bei Menschen und bezeichnet es als den Gewinner-Effekt: Erfolg macht selbstbewusst, und Selbstbewusstsein macht wiederum erfolgreich. Somit steigt mit jedem Erfolg die Chance auf weitere Erfolge. Ein sich selbst verstärkender Zyklus, der offenbar auch dann zustande kommt, wenn die anfänglichen Erfolge das Resultat eines neurowissenschaftlich erzwungenen Dominanzverhaltens sind.

Vermutlich fragen Sie sich jetzt, ob das auch bei Ihnen funktionieren könnte. Aber wären Sie wirklich bereit, sich Viren ins Gehirn zu spritzen und ein Glasfaserkabel in den Kopf zu stecken, nur um den Typen, der Sie in der Schule immer gehänselt hat, aus einer Röhre zu schubsen? Falls nicht, könnte man vielleicht ähnliche Ergebnisse mittels Transkranieller Magnetstimulation erzielen? Die Erkenntnisse aus der Maus-Hierarchie sind ziemlich neu, und ob sich das menschliche Dominanzverhalten durch Stimulation des dmPFC beeinflussen lässt, muss erst getestet werden. Aber wäre es überhaupt eine gute Idee, mittels irgendwelcher neurologischer Verfahren soziale Hierarchien umkrempeln zu wollen?

Hierarchien haben sich deshalb bei so vielen Tierarten etabliert, weil sie einen Sinn haben. Zum Beispiel dienen sie der Konfliktvermeidung, indem nicht jedes Mal aufs Neue ausgefochten werden muss, wer zuerst ans Futter darf. Auch beim Menschen ist es eine sinnvolle Konvention, dass ein Polizist den besoffenen Fahrzeuglenker zwar ins Gefängnis stecken darf, nicht aber der Besoffene den Polizisten in den Kofferraum. Außerdem sind mit einer hierarchischen Spitzenposition nicht nur Vorteile verbunden. Untersuchungen an Primatengruppen zeigen, dass nicht nur die untersten Ränge der sozialen Struktur mit hohem Stress einhergehen, sondern auch die Spitzenposition. Elon Musk, das Alpha-Tier der Unternehmensgründung, meinte, eine Firma zu starten sei, als würde man Glas essen und in den Abgrund starren. Da überlegt man sich das Chef-sein lieber zwei Mal.

Und was die Vorteile bei der Partnersuche angeht, vergessen Sie bitte nicht, dass einer von 500 Menschen beim Sex ums Leben kommt. Darauf möchten Sie es doch hoffentlich nicht anlegen. Ohne Zweifel hat der Boss-Lifestyle seine Vorteile. Er kommt jedoch nicht ohne Preis, und es gibt keine Garantie, dass Sie an der Spitze einer sozialen Rangordnung tatsächlich glücklicher wären.

DAS STREBEN NACH GLÜCK

Ihr Streben nach Glück ist schon alleine deshalb zum Scheitern verurteilt, weil Sie keine Ahnung haben, was Sie eigentlich wollen. Stellen Sie sich vor, Ihnen stünden alle Optionen zur Verfügung – wie würden Sie Ihr Leben gerne verbringen? An einem unberührten Strand sitzend, während die Sonne Ihre gebräunte Haut liebkost, Sie dem sanften Klang der Wellen lauschen und genüsslich an Ihrer Piña Colada nippen? Klar, das ist ein schöner Nachmittag, aber ziehen Sie das ein paar Monate durch, und Sie sind ein arbeitsloser Alkoholiker mit Lederhaut, schwarzem Hautkrebs und Typ-2-Diabetes.

Wieso glauben Sie überhaupt, dass es gut wäre, ständig glücklich zu sein? Es freut mich für jeden, dem es gelingt, sich in irgendwelchen Klostermauern in einen Zustand der anhaltenden Glückseligkeit zu meditieren, aber wahnsinnig sinnvoll erscheint mir das nicht. Und wenn Sie zehn solcher ultra-harmonischen Typen zu Ihrer Geburtstagsfeier einladen, schmeißen Sie die langweiligste Party in Ihrem ganzen Freundeskreis.

Dass Sie nie wirklich zufrieden sind, hat schon einen Sinn. Das Belohnungssystem Ihres Gehirns ist nicht dazu da, Ihnen eine geile Zeit zu verschaffen, sondern um Sie zu motivieren, Dinge zu machen, die Sie voranbringen. Evolutionär wäre vollkommene Zufriedenheit absolut kontraproduktiv. Wir sind die Nachfahren der Höhlenmenschen, die unzufrieden waren – eine evolutionäre Tatsache, mit der man nirgends so direkt konfrontiert wird wie in den Wiener Gemeindebezirken. Unsere Hirnchemie ist darauf ausgerichtet, dass wir Dinge wollen, die wir nicht haben. Eine besondere Rolle spielt dabei der Botenstoff Dopamin. Dopamin gilt als eines der klassischen Glückshormone. Eigentlich ist seine Funktionsweise viel zu komplex, um ihm dieses primitive Schild umzuhängen, aber nachdem Dopamin tatsächlich mit positiven Erlebnissen, Zufriedenheit und Glücksgefühlen in Verbindung steht, lassen wir es hier der Einfachheit halber gelten.

Doch auch wenn sich Dopamin gut anfühlt, letztlich ist es kein Freund der Zufriedenheit. Stellen Sie sich vor, Sie stecken einen Affen in einen Käfig. Als Nächstes geben Sie dem Tier einen Hebel, durch den es sich eine leckere Rosine beschaffen kann. Wenn der Affe die Rosine verspeist, schüttet sein Gehirn Dopamin aus und das Tier ist zufrieden. Doch jetzt verändern Sie den Ablauf des Experiments. Bevor Sie den Hebel in den Käfig stellen, lassen Sie ein Licht aufleuchten, das dem Affen signalisiert, dass der Hebel bald auftauchen wird. Nach einiger Zeit wird das Tier das Lichtsignal mit der Belohnung assoziieren. Daraufhin schüttet das Affenhirn zwar noch immer Dopamin aus, wenn die Rosine verspeist wird, allerdings wird durch das Aufleuchten des Lichtes selbst mehr Dopamin freigesetzt. Das Glückshormon wird weniger durch das Erreichen des Zieles freigesetzt, als durch das Gefühl, dem Ziel näherzukommen.

Beim Menschen spielt Dopamin die gleiche Rolle. Es ist der Botenstoff, der alte Herren stundenlang Geld in Casino-Spielautomaten werfen lässt, in der hoffnungsvollen Erwartung, eine Belohnung könnte folgen. Es ist der Grund, warum ich alle zehn Meter wie ein Zwangsneurotiker mein Handy aus der Hosentasche hole, um auf Instagram mit sabberndem Mundwinkel meine Selfie-Likes abzurufen.

Manche Medikamente zielen darauf ab, den Dopamingehalt des Gehirns zu erhöhen. Parkinson-Medikamente fallen häufig in diese Kategorie. Dabei wurde bei einigen Patienten eine untypische Nebenwirkung entdeckt: Sie wurden sexsüchtige Glücksspieler. Der Zusammenhang blieb lange unentdeckt, weil Parkinsonpatienten, wenn sie vom Arzt gefragt werden, wie sie die Medikamente vertragen, selten mit »Gut, aber ich habe meine Pension beim Roulette verzockt und kann jedes Pornhub-Video auswendig synchronsprechen« antworten. Dopamin lässt uns danach streben, Dinge zu tun, von denen wir uns Belohnung oder Befriedigung erwarten. Das ist wichtig, um uns zu motivieren. Wie der Affe mit seiner Rosine jedoch veranschaulicht, trägt der Wirkmechanismus von Dopamin auch Mitschuld daran, dass uns das Erreichen eines Zieles oft weniger befriedigt, als wir erwarten würden.

WAS MACHT GLÜCKLICH?

In der Glücksforschung gibt es den Begriff der »Hedonistischen Tretmühle«. Er beschreibt die Tendenz der Menschen, die Auswirkungen von Lebensereignissen auf ihr Glücksempfinden maßlos zu überschätzen. Dabei wird das Streben nach Glück mit einer Art von Laufrad verglichen, in dem man pausenlos arbeitet, jedoch stets am selben Platz bleibt. Das wurde bereits 1978 eindrucksvoll in einer Untersuchung gezeigt, als man Lottogewinner, körperlich gelähmte Menschen und eine Kontrollgruppe darauf testete, wie viel Freude sie bei ihren Alltagsaktivitäten empfinden und wie es um ihr vergangenes und zukünftig erwartetes Glücksempfinden steht. Heraus kam, dass Lottogewinner im Durchschnitt nicht glücklicher sind als Menschen, die nicht die Lotterie gewonnen hatten. Außerdem waren Lottogewinner nur geringfügig glücklicher als Menschen, die durch einen Unfall gelähmt wurden.

Wie unterschiedlich das Glücksniveau von Menschen ist, lässt sich zu 50 Prozent durch ihre Gene erklären. Allgemeine Lebensumstände erklären etwa 10 Prozent, und 40 Prozent werden von den täglich getroffenen Entscheidungen beeinflusst. Diese 50/10/40-Formel, die auf Zwillingsstudien zurückgeht, wurde in der Glücksforschung ziemlich populär und gilt als gut belegte Faustregel dafür, wie das unterschiedliche Glücksempfinden von Menschen zustande kommt. In Wahrheit ist es natürlich komplizierter, weil Gene mit der Umwelt interagieren und sich das Glücksempfinden im Laufe des Lebens wandelt. Das ändert aber nichts daran, dass sich unser Glücksempfinden nur zu einem bestimmten Prozentsatz durch unsere Entscheidungen beeinflussen lässt.

Eine vor Kurzem erschienene Untersuchung hat gezeigt, dass die größte Quelle des Glücks Momente mit anderen Menschen sind. Demnach wäre es äußerst unklug, Dinge zu machen, die zu sozialer Isolation führen – beispielsweise ein Buch schreiben. Glücklicherweise gilt mein Hauptinteresse als Molekularbiologe nicht den langweiligen 40 Prozent, sondern den genetisch bedingten 50 Prozent. Die Suche nach der genetischen Grundlage der Lebenszufriedenheit steht jedoch noch ziemlich am Anfang. Eine genomweite Assoziationsstudie, die 300 000 Personen miteinbezog, konnte lediglich drei Genregionen identifizieren, die mit dem empfundenen Wohlergehen zusammenhängen. Insgesamt konnten diese aber bloß 0,9 Prozent der Unterschiede zwischen den Menschen erklären. Es wird deshalb noch eine Weile dauern, bis wir unser Hirn mit genetisch hergestellten Happy-Viren infizieren können, die zu anhaltender Glückseligkeit führen.

Bis es so weit ist, investieren Sie Ihr Geld lieber in andere Dinge. Bestimmt kennen Sie den Spruch: Geld macht nicht glücklich. Aber es weint sich besser in einem Ferrari. Studien zeigen, dass Geld durchaus glücklich machen kann. Entscheidend ist jedoch, wofür man es ausgibt. Die Zufriedenheit lässt sich tatsächlich steigern, wenn man das Geld nicht für irgendwelche Luxuswaren ausgibt, sondern für Erlebnisse. Vorzugsweise welche, die man mit anderen Menschen genießen kann, zum Beispiel einen Kinobesuch oder Bogenjagd in der sibirischen Bergtundra. Das funktioniert noch besser, wenn diese Erlebnisse lange im Voraus geplant werden, weil, wie wir bei dem Affen mit seinen Rosinen gesehen haben, die Erwartung oft mehr Freude bringt als die Belohnung selbst. Möchte man sich etwas kaufen, empfehlen Psychologen deshalb, es bis zu einem besonderen Anlass aufzuschieben, um in der Zeit bis dahin möglichst viele Zufriedenheits-Punkte als Bonus abkassieren zu können.

Eine vor Kurzem erschienene Arbeit hat außerdem gezeigt, dass sich Zufriedenheit dadurch erkaufen lässt, dass man Geld in Dinge investiert, die einem Zeit ersparen. Zum Beispiel, dass einem jemand den Rasen mäht, die Wohnung aufräumt oder den Einkauf erledigt. Sich Zeit zu kaufen verbesserte die Stimmung der Versuchsteilnehmer und reduzierte Angstzustände. Der Effekt war unabhängig von dem Einkommen oder den Wochenstunden, die die Versuchsteilnehmer arbeiteten.

SINNVOLLER ALS GLÜCKLICH SEIN

Das Paradoxe am Glück ist jedoch, dass jeder davon träumt, es zu steigern, man es aber vielleicht besser nicht versuchen sollte. Die Wissenschaft hat zahlreiche Belege dafür gesammelt, dass das bewusste Streben nach Glück die Menschen zuverlässig unzufriedener macht. Wer ihm krampfhaft hinterherläuft, gerät häufig in eine Spirale des Scheiterns: Weil all die Bemühungen noch immer nicht zu einem Zustand anhaltender Glückseligkeit geführt haben, muss noch verbissener daran gearbeitet werden. Menschen, die unbedingt zufriedener werden möchten, haben oft das Gefühl, nicht genügend Zeit für all die Aktivitäten zu finden, die sie ihrem Ziel näherbringen. Außerdem fokussiert der Wunsch nach mehr Glück die Wahrnehmung oft auf Negatives – nämlich auf all die Dinge, die einen unglücklich machen.

Vielleicht sollte man seinen inneren Grant einfach akzeptieren und nicht nach Glück streben, sondern nach etwas Wertvollerem. Letztlich ist ein Streben nach persönlichem Glück ein seichtes, fast schon egozentrisches Unterfangen. Nehmen Sie zum Beispiel den

Entschluss, Kinder zu bekommen. Der lässt die Lebenszufriedenheit von Frauen ziemlich ansteigen. Allerdings nur, bis die Kinder tatsächlich auf der Welt sind. Dann sinkt die Zufriedenheit plötzlich rapide ab und pendelt sich erst im Laufe der Jahre wieder am Ausgangsniveau ein. Heißt das, als rationaler Mensch sollte man auf Nachwuchs verzichten? Oder bedeutet es lediglich, dass es wichtigere Ziele im Leben gibt als die Maximierung des eigenen Glücksempfindens?

Ein guter Kandidat für ein besseres Ziel wäre der Versuch, ein Leben zu führen, das man als sinnvoll empfindet. Das kann, muss aber nicht zwingend damit einhergehen, wie glücklich man ist. Nicht jeder Friedensnobelpreisträger wird mit einem breiten Dauergrinsen durch die Welt marschiert sein, aber vermutlich hatten viele von ihnen das Gefühl, etwas Sinnvolles mit ihrem Leben anzufangen. Danach zu streben, ein Leben zu führen, das sich sinnvoll anfühlt, hat aber auch eigennützige Folgen. Studien haben gezeigt, dass das Gefühl, das eigene Leben habe einen Sinn, mit einem niedrigeren Risiko für Schlaganfälle, Alzheimer und diverse Behinderungen einhergeht. Außerdem führt es zu besserem Schlaf und einer allgemein reduzierten Sterblichkeit.

Doch gegenüber dem Streben nach Glück hat ein Streben nach Sinn den großen Vorteil, dass es nicht nur einen selbst betrifft, sondern oft damit einhergeht, Gutes zu tun und sich um andere zu kümmern. Der kanadische Psychologe Jordan Peterson hat es so formuliert: »Wenn du versuchst, gut zu sein, bist du vielleicht gut und manchmal glücklich. Wenn du versuchst, glücklich zu sein, bist du vermutlich nicht gut und nur selten glücklich.«

WIE SOLL DAS NUR WEITERGEHEN?

»Was macht dieser Knopf?«

»Das ist stabil genug für uns beide.«

»Ich frage mich, wo die Mutter der Bären ist.«

Klassische letzte Worte. Nicht alle sind so unschuldig wie diese. Zum Beispiel die des amerikanischen Serienmörders Carl Panzram, während sein Henker den Galgen vorbereitete: »Ja, beeil dich, du hinterwäldlerischer Bastard! Ich könnte zehn Männer umbringen, während du herumtrödelst!« Manche Menschen sind so erfüllt mit Hass und Wut, dass es sich gechillte Normalos kaum vorstellen können. Außer man liest gelegentlich die Kommentare unter YouTube-Videos – dem offiziellen Bodensatz des Internets. Ich spiele mit dem Gedanken, dieses Buch mit drei Seiten wüster Beschimpfungen und Hitler-Vergleichen zu beenden, um der jungen Social-Media-Generation die Berührungsängste mit diesem alten Medium zu nehmen. Aber vielleicht ist es eh nicht so schlimm, wie es scheint. Bei einer Analyse deutscher Facebook-Kommentare kam heraus, dass die Hälfte aller Likes bei Hass-Kommentaren von nur fünf Prozent der Accounts stammten. Dabei gingen 25 Prozent der Hass-Likes sogar auf nur ein Prozent der Profile zurück. Eine sehr kleine, aber außerordentlich aktive Minderheit dürfte dafür verantwortlich sein, dass das Internet ein so hässlicher Ort ist, an dem man nicht mal mehr lustige Katzenvideos posten kann, ohne Beschimpfungen von radikalen Wühlmaus-Besitzern erwarten zu müssen.

Aber auch abseits von frustrierten Keyboard-Hooligans ist das Ungut-Sein in der Bevölkerung nicht gleichmäßig verteilt. Bei einer Untersuchung an über zwei Millionen Schweden kam heraus, dass lediglich ein Prozent der Bevölkerung für 63 Prozent aller Gewaltverbrechen verantwortlich ist. Die gute Nachricht ist also, dass die meisten Menschen eh ganz nette Kerle sind. Die schlechte, dass eine kleine Gruppe außerordentlich rücksichtsloser Menschen ausreicht, um großen gesellschaftlichen Schaden anzurichten.

»Sie können ihre Opfer mit so viel Anteilnahme foltern und verstümmeln, wie unsereiner fühlt, wenn er eine Weihnachtsgans tranchiert.« So beschrieb der kanadische Kriminalpsychologe Robert D. Hare die Gefühlskälte, die Psychopathen beim Quälen ihrer Opfer empfinden. Psychopathie ist die extreme Form einer antisozialen Persönlichkeitsstörung, die mit dem völligen Fehlen von Empathie, sozialer Verantwortung und Gewissen einhergehen kann. Das trifft auf etwa 1 Prozent der Bevölkerung zu und ist laut Zwillingsstudien stark durch die Genetik geprägt. Egal, wie sehr man sich bemüht, man wird die Anzahl an Leuten, die Filmschurken-ähnliche Absichten verfolgen, nicht auf null reduzieren können. Stellen Sie sich vor, es gäbe einen Knopf, der ganz Australien wegsprengt. Wie vielen Menschen müsste man die Möglichkeit geben, anonym draufzudrücken, bis sich einer entscheidet, es zu tun? Einfach, weil es so leicht geht und aufregend ist? Vielleicht würde sich unter einer Million Menschen kein einziger finden, der bereit wäre, das zu machen. Vielleicht sitzt aber auch in jeder zweiten U-Bahn einer, der sich vor dem Drücken in die Hände spucken und auch noch Anlauf nehmen würde.

Vielleicht steht die Welt nur deshalb nach wie vor, weil dieser Knopf noch nicht erfunden ist. Klar, es gibt Atomwaffen, aber die werden nur selten abgefeuert, bloß weil jemand eine schlechte Woche hatte. Nachdem der Schwede Richard Handl aus seinem Job geschmissen wurde, begann er damit, in seiner Küche einen

Kernreaktor zusammenzubasteln. Dazu verwendete er Radium aus alten Uhrenzeigern, Americium aus Rauchdetektoren, Thorium aus Gaslaternen und Uran, das er bei einer amerikanischen Firma bestellt hatte. Festgenommen wurde Handl erst, als er die Strahlensicherheitsbehörde kontaktierte, um nachzufragen, ob das eh alles legal ist. Um mit der Spaltung von Atomen großen Schaden anzurichten, reicht es glücklicherweise nicht, eine kleine Gruppe von Fanatikern zusammenzutreiben. Aber was, wenn wir uns technologisch so weit entwickeln, dass zehn halb kompetente Spinner mit einfachsten Mitteln ähnlichen oder noch größeren Schaden anrichten können als die potentesten Waffen der Gegenwart?

GEFÄHRLICHE BIOLOGIE

Es hat Jahrzehnte gedauert und mehrere Milliarden Dollar gekostet, die Pocken, eine der tödlichsten Virenerkrankungen der Menschheitsgeschichte, endgültig auszurotten. Seit über 40 Jahren ist die Seuche nun von dieser Welt verschwunden. Um sie zurückzubringen, dürfte jedoch ein kleines Team mit etwas Fachkenntnis, 100 000 Dollar für Material und einem halben Jahr Zeit reichen. Anfang 2018 wurde eine Arbeit veröffentlicht, in der ein kanadisches Forscherteam Pferdepocken-Viren erzeugte, indem es die dafür benötigten Gensequenzen von einem deutschen Unternehmen im Internet bestellte und sich per Post liefern ließ. Diese DNA-Schnipsel packten sie in Zellen, die bereits mit einem anderen Virus infiziert waren und daraufhin begannen, Pferdepocken-Viren zu produzieren. Für Menschen sind Pferdepocken nicht gefährlich, aber die Wissenschaftler machen kein Geheimnis daraus, dass sich mit demselben einfachen Verfahren ebenso die Pockenviren herstellen ließen, die in der Vergangenheit zu Hunderten Millionen Toten geführt hatten. Ein auf diese Art hergestelltes Virus ließe sich jedoch noch gefährlicher designen als seine natürliche Vorlage. Bereits 2001 stellten australische Forscher ein verändertes Mauspocken-Virus her, das alle infizierten Tiere zuverlässig tötete. Dazu brachten sie zusätzlich ein Gen ein, das große Mengen an Interleukin-4 produziert, einem Botenstoff, der den Teil des Immunsystems unterdrückt, der Viren bekämpft. Es ist anzunehmen, dass sich durch Hinzufügen eines Interleukin-4-Gens auch die Tödlichkeit der menschlichen Pockenviren enorm steigern ließe.

Wären das nicht hervorragende Projektideen für junge, aufstrebende Bio-Terroristen? Oder ist denen das zu kompliziert? Und wenn Dinge, die mit »Bio-« anfangen, laut Werbung immer gut sind und Terroristen immer schlecht, sind dann Bio-Terroristen so lala? Der Virologe Andreas Nitsche vom Zentrum für biologische Gefahren am Robert-Koch-Institut in Berlin meint, ein Masterabschluss in Biologie würde reichen, um derartige Viren herzustellen. Bei Terroristen denken wir nur selten an Akademiker. Doch selbst Osama bin Laden hatte einen Universitätsabschluss, da werden sich doch hoffentlich ein paar Schurken finden, die sich für die wunderbare Welt der Virensynthese begeistern lassen.

Viele sehen ein ernsthaftes Problem darin, dass die neuen Technologien es immer kleineren Gruppen von Menschen ermöglichen, immer größeren Schaden anzurichten. Einer von ihnen ist der Philosoph Julian Savulescu, der als Professor für Angewandte Ethik am St Cross College in Oxford unterrichtet. Er betont, dass es nur einen einzigen Spinner braucht, der bereit ist, ein supertödliches Virus herzustellen, um eine Katastrophe zu verursachen. Und binnen kürzester Zeit werden Zehntausende Menschen die Möglichkeit haben, das zu tun. Darin sieht Savulescu ein Problem, nicht zuletzt aufgrund unseres evolutionären Erbes. Er argumentiert, der Mensch habe sich in einer Umgebung entwickelt, die sich so sehr von der heutigen unterscheidet, dass unser intuitives ethisches Empfinden uns zum Verhängnis werden könnte. Die längste Zeit der evolutionären Entwicklung lebten Menschen in kleinen Gruppen, die ein paar Dutzend Individuen umfassten. Dadurch wurden in unserer Biologie ethische Neigungen verankert, die den Zusammenhalt innerhalb der eigenen Gruppe fördern, jedoch Misstrauen gegenüber Fremden schüren, mit denen häufig um Ressourcen gekämpft werden musste.

Das ist uns bis heute geblieben und zeigt sich zum Beispiel am Wirkmechanismus des »Bindungshormons« Oxytocin. Man bezeichnet es deshalb als Bindungshormon, weil es mitunter von Müttern ausgeschüttet wird, wenn sie ihr Baby schreien hören oder es stillen. Dadurch stärkt Oxytocin die emotionale Bindung zwischen Mutter und Kind. Auch Streicheleinheiten oder ein anständiger Geschlechtsakt setzen das Hormon frei und fördern dadurch die Liebe und das Vertrauen.

Während Oxytocin aber die Bindung zu Leuten fördert, die einem nahestehen, kommen andere dabei weniger gut weg. Studien haben gezeigt, dass Oxytocin zwar die Kooperationsbereitschaft und das Vertrauen innerhalb der eigenen Gruppe fördert, gegenüber Außenstehenden jedoch eine aggressive Verteidigungshaltung begünstigt. Forscher bezeichnen diesen Effekt als »Tend and Defend«-Reaktion: »Hüten und Verteidigen«. In prähistorischen Zeiten, die oft von Konflikten zwischen Kleingruppen geprägt waren, hatten solche Mechanismen vermutlich ihre Daseinsberechtigung. Aus Sicht der heutigen globalisierten Welt könnte man sie jedoch als evolutionären Ballast betrachten, der das friedliche Zusammenleben erschwert und uns davon abhält, die größten Probleme der Gegenwart zu lösen.

Letztlich sind Vorurteile, Terrorismus, ethische Säuberungen und Kriege mitunter darauf zurückzuführen, dass Menschen die eigene Gruppe für die beste und wichtigste der Welt halten, während Außenstehende gerne als die Bösen betrachtet werden. Sollten in unserer Biologie immer noch Faktoren verankert sein, die eine solche Haltung fördern, könnte das wegen der simplen Herstellbarkeit biologischer Superwaffen ziemlich schlecht ausgehen. Savulescu argumentiert deshalb, es könnte nötig sein, diesen evolutionären Ballast abzulegen, um als Menschheit langfristig überleben zu können. Er stellt daher die Idee einer ethischen Optimierung des Menschen in den Raum – sei es mit medikamentösen Mitteln oder mit genetischen.

ETHISCHE OPTIMIERUNG

Die Idee ist nicht neu. Während des Zweiten Weltkriegs gab es unter den Alliierten die Überlegung, Agenten damit zu beauftragen, weibliche Geschlechtshormone in Hitlers Essen zu mischen. Der Plan war, ihn dadurch zu einem feminineren, weniger aggressiven Zeitgenossen zu machen. Direkt vergiften konnte man ihn kaum, weil seine Vorkoster das verhindert hätten. Aber eine schleichende Verweiblichung, die ihn die Sache mit dem Völkermord vielleicht noch einmal hätte überdenken lassen, war im Bereich des Möglichen. Warum die Pläne nicht umgesetzt wurden, weiß man nicht. Vielleicht hatte man Angst, Lady-Hitler würde einmal pro Monat einen Blitzkrieg starten.

Jedenfalls war das Zeitalter der chemischen Moralsteigerung damit noch lange nicht vorbei. Viele häufig verschriebene Medikamente beeinflussen die Grundlagen unseres ethischen Empfindens, obwohl sie nur selten in diesem Zusammenhang erwähnt werden. Zum Beispiel das verbreitete Antidepressivum Fluoxetin, das in den USA unter dem Namen Prozac bekannt ist und die Menge an Serotonin im Gehirn erhöht. Es macht Konsumenten nicht nur weniger aggressiv, sondern auch kooperationsbereiter. Auch der Arzneistoff Propranolol, der häufig gegen Bluthochdruck verschrieben wird, könnte einen Einfluss auf die Ethik unseres Handelns haben. Eine Studie konnte zeigen, dass Propranolol nicht nur den Druck in den Arterien reduziert, sondern ebenso die unbewusste Abneigung gegenüber Menschen fremder Abstammung. Man hätte es Hitler anstelle der weiblichen Hormone ins Müsli mischen können. Es wurde jedoch zu spät entwickelt, und außerdem wäre es viel lustiger gewesen zu beobachten, wie dem Führer Brüste wachsen.

Ritalin, das von ADHS-Patienten und Medizinstudenten so geschätzt wird, steigert nicht nur die Aufmerksamkeit, sondern steht auch im Verdacht, aggressives Verhalten zu reduzieren. Ob man diese Effekte als ethische Optimierung oder als Nebenwirkung betrachten möchte, sei jedem selbst überlassen. Fest steht jedenfalls, dass wir durch den verbreiteten Einsatz dieser Substanzen bereits heute die moralischen Entscheidungen der Menschen in großem Maßstab chemisch beeinflussen.

EMPATHISCHER WERDEN

Was macht einen guten Menschen eigentlich aus? Und sollten wir in jeder Situation versuchen, einer zu sein? Lebten wir ohne Sünde, hätte sich Jesus völlig umsonst ans Kreuz nageln lassen. Trotzdem geben sich die meisten Mühe. Guten Menschen wird üblicherweise nachgesagt, besonders empathisch zu sein, also eine ausgeprägte Fähigkeit zu besitzen, sich in andere hineinzuversetzen und Mitgefühl zu empfinden. Empathie wird häufig als die Voraussetzung für Hilfsbereitschaft und Fairness genannt. Liegt in dieser Eigenschaft der Schlüssel zu Harmonie, Weltfrieden und all dem anderen Hippie-Sesselkreis-Kram? Könnte uns vielleicht sogar eine genetische

Steigerung der Empathie eines Tages dabei helfen, Konflikte fairer und friedlicher zu lösen, als wir es heute tun?

Studien haben gezeigt, dass sich die Unterschiede im Empathieempfinden zwischen Menschen zu etwa 20 bis 70 Prozent genetisch erklären lassen. Der Bereich ist so groß, weil sich der erbliche Anteil des Empathieempfindens, ähnlich wie bei der Intelligenz, im Laufe der Jahre verändert. Immer mehr der dafür verantwortlichen Genregionen wurden in den letzten Jahren identifiziert. Bei den Untersuchungen wurden jedoch auch neue, unerwartete Erkenntnisse gewonnen. Zum Beispiel, dass manche Genregionen, die Empathie erhöhen, auch das Risiko für Schizophrenie und Magersucht steigern. Doch das sind noch längst nicht alle Schattenseiten der Empathie. Sie ist viel mehr als das »Habt euch alle lieb«-Empfinden, als das sie gerne dargestellt wird.

Empathie kann uns zu Handlungen verleiten, die sich zwar gut anfühlen, tatsächlich aber kontraproduktiv sind, wenn es um die Minimierung von Leid geht. Der Psychologe Paul Bloom nennt als Beispiel, dass uns das Bild eines einzelnen Gewaltopfers viel stärker berührt als alle Hiobsbotschaften bezüglich des Klimawandels zusammen – dabei sind Letztere mit deutlich mehr Opfern verbunden, und die dem Klimawandel zugrunde liegenden Probleme müssten daher viel dringender angegangen werden. Solch katastrophalen Großereignissen gegenüber ist Empathie jedoch nahezu blind. Ein einzelnes tragisches Schicksal löst deutlich mehr Handlungsdrang in uns aus als das von Tausenden oder gar Millionen Menschen. Einer Verbesserung der Gesamtsituation kann das im Weg stehen.

Außerdem lässt uns Empathie bevorzugt zu den Underdogs halten. Das mag lieb gemeint sein, ist aber nicht zwangsläufig besser. Halten Sie von Donald Trump, was Sie wollen, aber es war keine dumme Strategie, sich bei den US-Präsidentschaftswahlen 2016 als einsamer Kämpfer gegen ein gigantisches Polit-Establishment zu inszenieren. Je mehr er angefeindet wurde, desto mehr Sympathie brachten ihm die Wähler entgegen. Kognitionsforscher Fritz Breithaupt behauptet, Empathie könne sogar eine große Rolle dabei spielen, wenn Menschen die Situation anderer aktiv verschlechtern. Als Beispiel nennt er Kranke oder Menschen mit Behinderung, die regelrecht in eine Opferrolle gedrängt werden, damit jene, die mit ihnen mitfühlen, sich am eigenen Gutmenschentum erfreuen könnten. Dadurch wird die missliche Lage anderer einzementiert, damit wir uns moralisch erhaben fühlen können. Oft reicht schon das Empfinden von Mitgefühl, damit wir uns darin bestätigt fühlen, gute Menschen zu sein. Dabei kann man einem Menschen gegenüber auch so viel Mitgefühl empfinden, dass man ihm damit Schaden zufügt. Ein klassisches Beispiel dafür sind überfürsorgliche Eltern, die ihre Kinder so dringend vor allem Bösen bewahren möchten, dass aus ihnen letztlich unselbstständige Weicheier werden. Für sich genommen ist Empathie keine Tugend!

Es kann sogar so weit gehen, dass Sadisten sich am Leid ihrer Opfer erfreuen, gerade weil sie sich so gut in diese einfühlen können. Empathie kann ohne Zweifel moralisches Handeln fördern, aber es ist viel zu simpel anzunehmen, mehr Mitgefühl würde die Welt zwangsläufig besser machen. Außerdem ist Empathie nicht das einzige Beispiel für Dinge, die ein gutes Image haben, bei genauerer Betrachtung aber unser Verhalten verschlechtern können. Selbst traumhaftes Sommerwetter könnte in diese Kategorie fallen.

Der Klimawandel lässt sich deshalb so herrlich ignorieren, weil das Jammern irgendwelcher Landwirte über dürrebedingte Ernteausfälle niemals so schlecht sein kann, wie die geilen Badetemperaturen am Neusiedlersee toll sind. Was dem Badespaß jedoch im Weg steht, ist der Ärger, wenn einen die anderen Autofahrer am Reiseweg pausenlos anhupen und man im Anschluss Opfer eines Mordes wird. Das passiert schneller, als man glaubt, vor allem wenn es besonders heiß ist. Denn wenn das Thermometer steigt, kann das Bedürfnis, sich wie ein anständiger Mensch zu verhalten, sinken. Eine oft ignorierte Nebenwirkung des Klimawandels könnte demnach ein allgemeines Ansteigen von Aggression und Gewalttaten sein. Frühe Hinweise darauf fand man bereits in einem klassischen Experiment in den 1980ern. Sie kennen vermutlich das virtuose Hupkonzert, wenn eine Ampel auf Grün schaltet und man nicht innerhalb von 0,3 Femtosekunden auf das Gaspedal tritt. In der Studie ließen Forscher eine Dame bewusst etwas länger an der grünen Ampel stehen und analysierten das Hup-Verhalten der anderen Fahrer. Dabei wurde sie an heißen Tagen besonders lange angehupt, und zwar vor allem von den Autos, die keine Klimaanlage hatten. Das erscheint nachvollziehbar, weil man schnell aus der Hitze heraus möchte und Menschen in stehenden Autos sowieso grundsätzlich grantig sind.

Außerhalb ihrer Fahrzeuge gehen viele jedoch noch einen Schritt weiter. Gibt man Leuten die Möglichkeit, andere mit Elektroschocks zu quälen, entscheiden sie sich unter Einfluss von Hitze dazu, diese besonders lang andauern zu lassen. In einem anderen Experiment testeten Forscher, wie holländische Polizisten bei einer Schießübung auf eine Stresssituation reagierten. Sie wurden in einer Simulation von einem wütenden Mann mit einer Brechstange bedroht und mussten entscheiden, ob sie ihn abknallen oder die Situation anders lösen. Dabei machte die Zimmertemperatur einen entscheidenden Unterschied. Bei gemütlichen 21 Grad Celsius griffen die Polizisten in 45 Prozent der Fälle zur Waffe. Bei unangenehmen 27 Grad Celsius waren es hingegen ganze 60 Prozent. Sollten Sie durch das Magic-Mushrooms-Kapitel endgültig ins Drogenmilieu abgesunken sein, drehen Sie zumindest die Klimaanlage auf, wenn die Polizei Ihre Wohnung stürmt.

Die Autoren der Studie erklären das damit, dass heiße Temperaturen ein generell negatives Empfinden verursachen, für das rückwirkend eine plausible Ursache gesucht wird. Anders ausgedrückt, die Leute fühlen sich kacke und wollen es jemand anderem in die Schuhe schieben. Das könnte auch ein Grund dafür sein, warum es in heißen Sommern zu mehr Gewaltverbrechen kommt als in kühlen. Selbst zwischen der Mordrate und hohen Temperaturen scheint es einen Zusammenhang zu geben, der auch dann bestehen bleibt, wenn man andere Störfaktoren statistisch herausrechnet. Forscher vermuten deshalb, dass der Klimawandel weitere Gewaltverbrechen begünstigen könnte. Der Psychologe Craig Anderson prophezeit knapp 22 000 zusätzliche Mordfälle in den USA für jede Steigerung der mittleren Jahrestemperatur um ein Grad Celsius. Das Fazit: Globale Erwärmung ist noch problematischer, als man denkt, und Klimaanlagen könnten mit zwei zugedrückten Augen als ethische Optimierung durchgehen.

FRISS DICH LIEB

Unsere ethischen Entscheidungen können sogar von viel simpleren Dingen beeinflusst werden als von Klimaanlagen – zum Beispiel von einem strategisch klug platzierten Butterbrot. Amerikanische Forscher analysierten 2010 über tausend Anhörungen von Kriminellen, die um Bewährung ansuchten. Dabei waren die Arbeitstage der Richter in drei Sitzungen unterteilt, die von zwei Essenspausen unterbrochen waren. Ob Straftäter auf Bewährung freikamen, war dabei nicht von ihrer Nationalität oder ihrem Geschlecht beeinflusst, sondern vorrangig vom Mageninhalt der Richter. Zu Beginn einer Anhörung lag die Chance auf Bewährung bei etwa 65 Prozent. Am Ende einer Sitzung sank die Wahrscheinlichkeit auf Freilassung jedoch auf nahezu null. Kaum kamen die Richter von ihren Pausenbroten zurück, schnellten die Bewährungschancen wieder auf den Ausgangswert zurück. Ein erstaunlich ausgeprägter Effekt, der sich bei zahlreichen Anhörungen innerhalb vieler Monate immer wieder bestätigte.

Die Studienautoren vermuten den Grund darin, dass müde, hungrige Menschen eher dazu neigen, die einfacheren Standardentscheidungen zu treffen. Einen Verbrecher auf Bewährung freizulassen ist riskant und bedarf intensiver Abwägungen, mit denen sich ein erschöpftes Gehirn nur ungerne belastet. Zu welchem Teil sich dieser Effekt durch die Pause oder das Essen erklären lässt, weiß man nicht. Die Autoren gehen aber davon aus, dass der erhöhte Glukose-Spiegel nach dem Essen einen großen Einfluss nimmt. Das Fazit dieser Arbeit: Selbst ein ungewürzter Kebab könnte Einfluss auf komplexe ethische Entscheidungen nehmen.

Die Forscher vermuten, dass sich ein ähnlicher Effekt auch in anderen Bereichen zeigt, in denen Menschen komplizierte aufeinanderfolgende Entscheidungen treffen müssen, beispielsweise bei Arztbesuchen oder in Gremien, die über Forschungsförderung entscheiden. Mich persönlich würde es außerdem nicht überraschen, wenn sich die Hälfte aller Beziehungsstreits verhindern ließe, indem man für zwei gefüllte Mägen sorgt, bevor ein schwieriges Thema angesprochen wird. Wenn Sie mit Ihrem Partner das »Wir besuchen zu oft deine Mutter«-Gespräch führen wollen, stopfen Sie ihn deshalb präventiv mit Pizza voll. Entweder damit sich sein

Gemüt beruhigt, oder er sich dermaßen überfrisst, dass er Ihnen nicht hinterherlaufen kann.

BLÖD SCHAUEN FÜR DEN WELTFRIEDEN

Bestimmt kennen Sie den inneren Konflikt eines christlichen Pubertierenden, der versucht, in Frieden zu masturbieren, aber nur den halben Spaß hat, weil der gekreuzigte Jesus über dem Bett so leidend herabblickt. Da ist es in der Hose vorbei mit der Auferstehung, bevor es richtig angefangen hat.

Wenn uns jemand zusieht, verhalten wir uns oftmals ehrlicher und sozial verträglicher, als wenn wir uns unbeobachtet fühlen. Dabei ist es gar nicht notwendig, dass wir tatsächlich beobachtet werden. Verhaltensänderungen können selbst dann auftreten, wenn lediglich ein Bild von ein paar Augen an der Wand klebt. Man bezeichnet das als den ›Watching-Eyes-Effekt‹, und mittlerweile sind zahlreiche Studien veröffentlicht worden, die seine Auswirkungen beschreiben. Zum Beispiel führen aufgeklebte Augen dazu, dass Studenten weniger Müll in der Cafeteria liegen lassen. Sogar die Anzahl von Fahrraddiebstählen auf einem Universitätscampus ließ sich durch große, aufgeklebte Männeraugen deutlich reduzieren, und in einem Supermarkt wurde Geld vermehrt in jene Spendenboxen geworfen, auf denen Bilder von Augen zu sehen waren. Aber auch die Umwelt profitiert davon, wenn uns Klebeaugen ganz tief in die Seele starren. Geschickt platzierte Augen führen dazu, dass Recycling gewissenhafter betrieben wird und dass Menschen weniger Müll auf die Straße schmeißen. Die Forscher spekulieren, dass sich der Effekt vielleicht nutzen ließe, um antisoziales Verhalten und sogar Kriminalität in der realen Welt zu bekämpfen. Ich bin da skeptisch, weil es vielleicht zu einem Gewohnheitseffekt kommt und die meisten der Studien in einer Zeit durchgeführt wurden, in der Menschen noch gelegentlich von ihren Handybildschirmen aufgesehen haben. Außerdem sind viele der Klebeaugen-Studien ziemlich klein, noch nicht repliziert und teilweise widersprüchlich. Demensprechend wird es noch eine Weile dauern, bis wir zuverlässig abschätzen können, welchen Beitrag Klebeaugen zur Rettung der Welt leisten können.

All diese Tipps in den Alltag zu integrieren ist keine leichte Aufgabe. Vermutlich würden Sie sich ohnehin für eine Klimaanlage entscheiden, selbst wenn Sie keine Angst davor haben, von der Polizei erschossen zu werden. Wenn Sie sich vor jeder ethischen Entscheidung den Bauch vollschlagen, werden Sie Ihre moralische Erhabenheit vor lauter Übergewicht kaum genießen können. Und möchten Sie wirklich auf der Toilette von gigantischen Augen angestarrt werden, nur damit Sie den Klo-Besen benutzen? Oder ist all das gar nicht notwendig, um die Welt zu retten?

DIE APOKALYPSE KANN WARTEN

Weshalb schreibt man überhaupt ein Buch über die Optimierung des Menschen? Doch offensichtlich aus verzweifelter Frustration darüber, dass es mit der Welt und ihren Bewohnern so rasant bergab geht, dass heroische Genetiker zur Rettung eilen müssen. Oder?

Als Wiener widerstrebt es meiner kulturellen Identität, mich zu irgendeinem Thema optimistisch zu äußern. Deshalb überlasse ich das Brechen des Eises jemandem, der das kann, ohne seine Wurzeln verleugnen zu müssen: »Wenn Sie sich aussuchen könnten, zu irgendeinem Zeitpunkt der Menschheitsgeschichte geboren zu werden, ohne vorab zu wissen, mit welcher Nationalität, welchem Geschlecht oder welchem ökonomischen Status … Sie würden sich für heute entscheiden … Wir haben das Glück, in der florierendsten und fortschrittlichsten Ära der Menschheitsgeschichte zu leben. Der letzte Krieg zwischen Großmächten liegt Jahrzehnte zurück. Immer mehr Menschen leben in Demokratien. Wir sind wohlhabender, gesünder und besser ausgebildet, mit einer Weltwirtschaft, die mehr als eine Milliarde Menschen aus der extremen Armut befreit hat.« – Barack Obama, 2016. Klar, die Welt sieht gleich viel rosiger aus, wenn man der mächtigste Mann ist, der auf ihr lebt. Trotzdem hat er recht. Steven Pinker drückte es so aus: »Zeitungen könnten jeden Tag folgende Schlagzeile bringen: ›*Die Anzahl der Menschen, die in extremer Armut leben, ist gestern wieder um 137 000 gesunken*‹ – und das jeden Tag seit 25 Jahren.«

Vieles in der Welt läuft überraschend gut. Man bekommt nur so selten etwas davon mit. Schuld daran ist unter anderem die sogenannte Verfügbarkeitsheuristik. Sie ist eine Art Faustregel, die unser Gehirn benutzt, um unvollständige Informationen einordnen zu können. Dabei wird die schwierige Frage nach der tatsächlichen Häufigkeit eines Ereignisses durch die einfachere Frage ersetzt, wie leicht es uns fällt, uns an entsprechende Beispiele zu erinnern. Unser Gehirn verwechselt »leicht abrufbar« mit »wahr«. Einprägsame Bilder von Haifisch-Attacken haben deshalb übertrieben großen Einfluss auf unser Sicherheitsempfinden – und das, obwohl mehr Menschen durch umfallende Getränkeautomaten oder gescheiterte Selfie-Versuche umkommen. »Wieder keine Hai-Attacke auf Ibiza« hat für Journalisten wenig Sex-Appeal.

Der Datenwissenschaftler Kalev Leetaru analysierte den Inhalt von Nachrichtenportalen rund um den Globus von 1979 bis 2010. Dabei wurde ausgewertet, wie häufig positive Begriffe verwendet wurden und wie häufig negative. Es zeigt sich ein nahezu linearer Trend hin zu einer immer negativeren Berichterstattung. Aber woran liegt das? Wird die Welt tatsächlich ein immer bedrückenderer Ort? Oder haben Nachrichtenportale einfach erkannt, dass sie mit einem Worst-of mehr Geld verdienen als mit einem Best-of?

Bestimmt werden Sie auch regelmäßig mit dem Problemthema »Abholzung der Tropenwälder« konfrontiert. Das ist natürlich berechtigt, allerdings wäre es ebenso interessant zu erfahren, dass der Wald außerhalb der Tropen prächtig gedeiht. Und zwar so gut, dass die Welt zwischen 1982 und 2016 insgesamt etwa 7 Prozent an Waldfläche dazugewonnen hat, wie eine *Nature*-Studie von 2018 zeigt. Verglichen mit den Bildern kahl geschlagener Wälder sind solche Nachrichten aber eher unspektakulär. Marketingforschung hat gezeigt, dass keine anderen Inhalte im Internet bessere Chancen haben, viral zu werden, als welche, die wütend machen und besonders starke Emotionen hervorrufen. Dabei wirkt die Welt oft nur so lange, als stünde sie kurz vor dem Untergang, bis man den Computer runterfährt, vor die Tür geht und schockiert feststellt, dass es hier eigentlich ganz nett ist.

Verstehen Sie mich nicht falsch, die Welt ist voll schrecklicher Tragödien und Probleme, die dringend angepackt werden müssen. Aber viele Dinge, die wir zu Recht als Katastrophen betrachten, sind aus heutiger Sicht tragische Ausreißer, die in der Vergangenheit jedoch die Regel darstellten. Genetische Analysen legen nahe, dass Stammeskriege in der Jungsteinzeit so populär waren, dass in vielen Regionen Europas, Asiens und Afrikas zeitweise 17 Frauen auf nur einen Mann kamen. Klingt nach Party, war aber sicher weniger angenehm, als viele sich das vorstellen. Der Anthropologe Robert Kelly führte Untersuchungen an 15 Jäger- und Sammlergesellschaften durch. Davon hatten 11 eine jeweils höhere Tötungsrate als die gewalttätigste aller modernen Nationen.

Einer der interessantesten Vorträge, die ich jemals gehört habe, war von einem Anthropologen, der von seinem Forschungsaufenthalt bei einer relativ unberührten Jäger- und Sammlergesellschaft in Südthailand berichtete. Die kleine Dorfgemeinschaft ernährte sich von dem, was der Wald ihnen gab, Männer und Frauen waren weitgehend gleichberechtigt, und auch das abschnittsweise Wechseln der Sexualpartner trug zu dem Bild eines außerordentlich geschmeidigen Naturvolkes bei, das unserer modernen Ellenbogengesellschaft in moralischer Hinsicht haushoch überlegen ist. Nach dem Vortrag fragte ich ihn, was diese Leute eigentlich mit all den behinderten Kindern machen, die bei einer so kleinen Bevölkerungszahl zwangsläufig entstehen? Er sagte, das wisse er auch nicht so genau, sondern nur, dass die Dorfbewohner mit ihnen in den Wald gehen und ohne sie wieder zurückkommen.

Vieles, was die längste Zeit unserer Entwicklung selbstverständlich war, gilt heute als undenkbar. Wann haben Sie das letzte Mal Ihre Alten ausgesetzt, nur weil die Ressourcen knapp wurden? Wo ist es heute noch üblich, fremde Menschen, die einem unangemeldet über den Weg laufen, vorsichtshalber zu erschlagen? Nicht einmal in Wien Favoriten. Trotz all der Probleme, die wir heute haben, entwickelt sich die Welt in vielen Bereichen in eine ethischere Richtung. Es ist zwar wichtig, den Blick dorthin zu richten, wo gerade etwas schiefläuft, dennoch sollte man die langfristige Entwicklung im Kopf behalten, um keinen verzerrten Eindruck zu bekommen.

Man muss jedoch nicht bis in die Urzeit zurückgehen, um positive Entwicklungen feststellen zu können. In seinem Buch »Aufklärung Jetzt« beschreibt Steven Pinker viele der Entwicklungen, die sich auf globaler Ebene seit vielen Jahren so konstant in eine positive Richtung bewegen, dass man fast nie von ihnen hört:

Dinge, die weltweit am Abnehmen sind: Kriegstote, Hungertote, extreme Armut, Unterernährung, Genozid, Kinderarbeit, Kindersterblichkeit, Anzahl an Nuklearwaffen.

Dinge, die weltweit am Zunehmen sind: Lebenserwartung, Demokratisierung, Alphabetisierung, Homosexuellenrechte, Anerkennung der Menschenrechte.

Ich denke nicht, dass es eine ethische Optimierung des Menschen braucht, um die Welt zu retten. So schlecht, wie es sich anfühlt, stellen wir uns gar nicht an.

SCHLUSSWORT

Die Evolution hat uns zu liebenswerten, aber merkwürdigen Organismen gemacht, deren Biologie oft wenig Sinn zu ergeben scheint. Ein faustgroßer Tumor kann oft unbemerkt im Bauchraum wuchern, während uns ein winziges Loch im Zahn vor Schmerz die Tränen in die Augen treibt. Eines Tages werden wir die Möglichkeit haben, das und viele andere unserer Eigenschaften zu verändern. Sofern wir es wollen. Technisch wären wir bald so weit. Für mich ist das einer der Gründe, warum ich überzeugt bin, dass wir in einer der spannendsten Zeiten leben. Wir sind an einem Punkt angelangt, an dem die grundlegende Veränderung unserer Biologie erstmals in Reichweite ist. Und es wird nicht einfach werden, mit der nötigen Achtsamkeit durch das Minenfeld der neuen Möglichkeiten zu navigieren. Bestimmt finden sich zahlreiche Väter, die in ihren dunkelsten und vielleicht ehrlichsten Momenten davon fantasieren, dass in ihre Fußstapfen ein genetisch optimierter Über-Sohn tritt, der zwei Meter groß ist, mit dem Körper eines griechischen Gottes und einem Gemächt, das so gewaltig ist, dass es gerade noch durch den Kaiserschnitt passt (... und doch etwas kleiner ist als das eigene. Das ist sonst ganz schlecht für die Vater-Sohn-Dynamik).

Die Verlockung, sich selbst oder andere genetisch zu verbessern, wird immer vorhanden sein – sei sie getrieben von Egozentrik, Größenwahn oder Nächstenliebe. Denn Biologie ist ein chaotischer Sauhaufen, und den meisten von uns spielt sie Streiche, die wir uns selbst und anderen ersparen möchten. Ich weiß, wovon ich spreche. Als ich zur Welt kam, war eines meiner Körperteile in seiner Entwicklung den anderen um etwa 10 Jahre voraus – die Nase. Erst nach der Pubertät hatte sich der Rest meines Kopfes an die Ausmaße des Riechorgans angepasst. In meiner Schulzeit erntete ich deshalb den Spitznamen »The Shark«. Das kommt daher, dass beim Schwimmunterricht immer ein paar Leute »Hai-Alarm« gerufen haben, wenn ich mich auf dem Rücken habe treiben lassen und mein Zinken aus dem Wasser ragte. Von der finanziellen Herkulesaufgabe, für meinen Wick-VapoRub-Bedarf aufzukommen, möchte ich erst gar nicht anfangen. Und so schwer es auch zu glauben ist, manche Menschen wurden vom Gen-Roulette mit noch schlechteren Karten ins Leben geworfen.

Als Genetiker gewöhnt man sich schnell daran, Menschen über DNA sprechen zu hören, als wäre es das Normalste der Welt. Eine Methylgruppe hier bewirkt dies, eine Acetylgruppe dort bewirkt das. Nichts Besonderes im Alltag eines Molekularbiologen, doch manchmal trete ich einen Schritt zurück und denke mir: Niemand hat je direkt gesehen, wie eine DNA-Doppelhelix eigentlich aussieht. Niemand konnte je den Buchstaben-Code, der das Fundament unserer Existenz darstellt, mit eigenen Augen betrachten. Trotzdem verändern wir ihn und reden darüber, als handle es sich dabei um etwas absolut Greifbares. Wir können ein paar dieser Buchstaben aus einem Organismus herauskopieren und in einen anderen hineinstecken, um eine Eigenschaft zu übertragen. Wir können nie dagewesene Eigenschaften designen, indem wir ein paar dieser Buchstaben klug zusammenwürfeln und in ein Lebewesen stecken. Wie unwahrscheinlich ist es eigentlich, dass wir nach Milliarden Jahren an Evolution zu exakt dem Zeitpunkt geboren wurden, an dem all das plötzlich möglich wurde? Wie viel Verantwortung geht damit einher? Und wie viele Genies mussten im Laufe der Jahrhunderte nächtelang durcharbeiten, um all das zu ermöglichen? Getrieben von ihrer Neugierde und der Überzeugung, dass Wissenschaft etwas Wertvolles und Schönes ist.

Ich habe mich in diesem Buch bewusst darauf beschränkt zu beschreiben, was derzeit möglich ist, was nicht und was demnächst möglich sein wird. Die Frage, in welchen Fällen es sinnvoll und gut ist, den Menschen zu verändern, überlasse ich gerne den Wissenschaftsphilosophen. Die sind immer dankbar, wenn man ihnen eine bezahlte Arbeit gibt. In der Zwischenzeit sollten wir uns einfach darüber freuen, Teil der vermutlich geilsten Genpoolparty der Milchstraße zu sein. Sorgen wir dafür, dass die Party noch lange weitergeht.

LITERATUR

Ohne Quellenangaben wäre Wissenschaft nur zweitklassige Fantasy-Literatur. Hier finden Sie eine Liste aller wissenschaftlichen Arbeiten, auf denen dieses Buch basiert.

DEINE DNA UND DU

Sleight, P., Pouleur, H. & Zannad, F., Benefits, challenges, and registerability of the polypill. *Eur. Heart J.* 27, 1651–1656 (2006).

BETTER BABIES

Khan, S. S. et al., A null mutation in SERPINE1 protects against biological aging in humans. *Sci. Adv.* 3, eaao1617 (2017).

Pernick, M. S., Taking Better Baby Contests Seriously. *Am. J. Public Health* 92, 707–708 (2002).

Traill, L. W., Bradshaw, C. J. A. & Brook, B. W., Minimum viable population size: A meta-analysis of 30 years of published estimates. *Biol. Conserv.* 139, 159–166 (2007).

VOM GEN ZUR MENSCHLICHEN EIGENSCHAFT

Bakermans-Kranenburg, M. J. & van IJzendoorn, M. H., Oxytocin receptor (OXTR) and serotonin transporter (5-HTT) genes associated with observed parenting. *Soc. Cogn. Affect. Neurosci.* 3, 128–134 (2008).

Kim, H. S. et al., Culture, distress, and oxytocin receptor polymorphism (OXTR) interact to influence emotional support seeking. *Proc. Natl. Acad. Sci. U. S. A.* 107, 15717–15721 (2010).

MACHT UNS DNA-SEQUENZIERUNG ZU ARSCHLÖCHERN?

Butovskaya, P. R. et al., Polymorphisms of two loci at the oxytocin receptor gene in populations of Africa, Asia and South Europe. *BMC Genet.* 17, (2016).

Colman, A. M., Browning, L. & Pulford, B. D., Spontaneous similarity discrimination in the evolution of cooperation. *J. Theor. Biol.* 299, 162–171 (2012).

Kimel, S. Y., Huesmann, R., Kunst, J. R. & Halperin, E., Living in a Genetic World: How Learning About Interethnic Genetic Similarities and Differences Affects Peace and Conflict. *Pers. Soc. Psychol. Bull.* 42, 688–700 (2016).

DIE VERÄNDERUNG DES MENSCHLICHEN GENOMS

WAS VERERBT WIRD UND WAS NICHT

Polderman, T. J. C. et al., Meta-analysis of the heritability of human traits based on fifty years of twin studies. *Nat. Genet.* 47, 702–709 (2015).

Willoughby, E. A. et al., Free will, determinism, and intuitive judgments about the heritability of behavior. *OSF Prepr.* (2018). doi:10.31219/osf.io/ezg2j

DIE EVOLUTION IST EIN OPPORTUNISTISCHER TROTTEL

Savulescu, J., Meulen, R. ter & Kahane, G., *Enhancing Human Capacities* (John Wiley & Sons, 2011).

ERWACHSENE GENETISCH VERÄNDERN

Bianconi, E. et al., An estimation of the number of cells in the human body. *Ann. Hum. Biol.* 40, 463–471 (2013).

DAS GOLDMAN-DILEMMA

Connor, J. M. & Mazanov, J., Would you dope? A general population test of the Goldman dilemma. *Br. J. Sports Med.* 43, 871–872 (2009).

Goldman, B. & Klatz, R., *Death in the locker room: drugs & sports* (Elite Sports Medicine Publications, 1992).

INTELLIGENT DESIGN FÜR DEPPERTE

Duan, D., Systemic delivery of adeno-associated viral vectors. *Curr. Opin. Virol.* 21, 16–25 (2016).

Kota, J. et al., Follistatin Gene Delivery Enhances Muscle Growth and Strength in Nonhuman Primates. *Sci. Transl. Med.* 1, 6ra15 (2009).

Yue, Y. et al., Safe and bodywide muscle transduction in young adult Duchenne muscular dystrophy dogs with adeno-associated virus. *Hum. Mol. Genet.* 24, 5880–5890 (2015).

DO-IT-YOURSELF-GENDOPING

Human Myostatin Knock-Out Targeting CRISPR-Cas9 Plasmid. *The ODIN* Available at: http://www.the-odin.com/human-myostatin-knock-out-targeting-crispr-cas9-plasmid/ (aufgerufen am 3. Oktober 2018).

EMBRYONEN GENETISCH VERÄNDERN

Jaenisch, R. & Mintz, B., Simian Virus 40 DNA Sequences in DNA of Healthy Adult Mice Derived from Preimplantation Blastocysts Injected with Viral DNA. *Proc. Natl. Acad. Sci. U. S. A.* 71, 1250–1254 (1974).

DIE GENSCHERE-EMBRYONEN SIND DA

Falcon, A. et al., CCR5 deficiency predisposes to fatal outcome in influenza virus infection. *J. Gen. Virol.* 96, 2074–2078 (2015).

Glass, W. G. et al., CCR5 deficiency increases risk of symptomatic West Nil virus infection. *J. Exp. Med.* 203, 35–40 (2006).

Jinek, M. et al., A programmable dual-RNA-guided DNA endonuclease in adaptive bacterial immunity. *Science* 337, 816–821 (2012).

Liang, P. et al., CRISPR/Cas9-mediated gene editing in human tripronuclear zygotes. *Protein Cell* 6, 363–372 (2015).

Ma, H. et al., Correction of a pathogenic gene mutation in human embryos. *Nature* 548, 413–419 (2017).

Wang, H. et al., One-step generation of mice carrying mutations in multiple genes by CRISPR/Cas-mediated genome engineering. *Cell* 153, 910–918 (2013).

WAS WOLLEN WIR OPTIMIEREN?

NIE WIEDER VIREN

Boeke, J. D. et al., Genome Engineering. The Genome Project-Write. *Science* 353, 126–127 (2016).

DEN CODE DES LEBENS UMSCHREIBEN

Gibson, D. G. et al., Complete chemical synthesis, assembly, and cloning of a Mycoplasma genitalium genome. *Science* 319, 1215–1220 (2008).

Gibson, D. G. et al., Creation of a bacterial cell controlled by a chemically synthesized genome. *Science* 329, 52–56 (2010).

Lajoie, M. J. et al., Genomically recoded organisms expand biological functions. *Science* 342, 357–360 (2013).

WAS BEDEUTET »OPTIMIEREN« ÜBERHAUPT?

Science News Staff, The Origin of Darwin's Anxiety. *Science* | AAAS (1997).

ALLES HAT SEINEN PREIS

Keller, M. C. & Visscher, P. M., Genetic variation links creativity to psychiatric disorders. *Nat. Neurosci.* 18, 928–929 (2015).
Morris, K., Memory gain means more pain for transgenic mice. *The Lancet* 357, 367 (2001).
Nelson, N. M. & Redden, J. P., Remembering Satiation: The Role of Working Memory in Satiation. *J. Consum. Res.* 44, 633–650 (2017).
Pirastu, N. et al., GWAS for male-pattern baldness identifies 71 susceptibility loci explaining 38 % of the risk. *Nat. Commun.* 8, 1584 (2017).
Power, R. A. et al., Polygenic risk scores for schizophrenia and bipolar disorder predict creativity. *Nat. Neurosci.* 18, 953–955 (2015).

INTELLIGENZ: URSACHEN UND NEBENWIRKUNGEN

ERFOLGSGARANT SELBSTÜBERSCHÄTZUNG

Anderson, C., Brion, S., Moore, D. A. & Kennedy, J. A., A status-enhancement account of overconfidence. *J. Pers. Soc. Psychol.* 103, 718–735 (2012).
Lawson, R., The science of cycology: failures to understand how everyday objects work. *Mem. Cognit.* 34, 1667–1675 (2006).
Rozenblit, L. & Keil, F., The misunderstood limits of folk science: an illusion of explanatory depth. *Cogn. Sci.* 26, 521–562 (2002).
Trivers, R., *Deceit and Self-Deception: Fooling Yourself the Better to Fool Others* (Penguin UK, 2011).

INTELLIGENZ IST NICHT ALLES

Haier, R. J., *The Neuroscience of Intelligence* (Cambridge University Press, 2016).
Ritchie, S., *Intelligence: All That Matters* (Hachette UK, 2015).
Warne, R. T. et al., What do undergraduates learn about human intelligence? *Arch. Sci. Psychol.* 6, 32–50 (2018).

DIE ENTDECKUNG DER KORRELATION

Brookes, M., *Extreme Measures: The Dark Visions and Bright Ideas of Francis Galton* (Bloomsbury, 2004).

INTELLIGENZ – EINE DEFINITION

Gottfredson, L. S., Mainstream Science on Intelligence: An Editorial with 52 Signatories, History, and Bibliography. *Intelligence* 24, 13–23 (1997).

DER IQ-TEST

Rost, D. H. *Intelligenz: Fakten und Mythen* (Beltz, 2009).

DER G-FAKTOR DER INTELLIGENZ

Carroll, J. B. & B, C. J. *Human Cognitive Abilities: A Survey of Factor-Analytic Studies* (Cambridge University Press, 1993).

Myers, D. G., *Psychology, 9th Ed., In Modules (Loose Leaf)* (Worth Publishers, 2010).

WOZU EIGENTLICH INTELLIGENZFORSCHUNG?

Batty, G. D., Gale, C. R., Tynelius, P., Deary, I. J. & Rasmussen, F., IQ in early adulthood, socioeconomic position, and unintentional injury mortality by middle age: a cohort study of more than 1 million Swedish men. *Am. J. Epidemiol.* 169, 606–615 (2009).

Calvin, C. M. et al., Intelligence in youth and all-cause-mortality: systematic review with meta-analysis. *Int. J. Epidemiol.* 40, 626–644 (2011).

Deary, I. J., Strand, S., Smith, P. & Fernandes, C., Intelligence and educational achievement. *Intelligence* 35, 13–21 (2007).

Gottfredson, L. S., Intelligence: is it the epidemiologists' elusive ›fundamental cause‹ of social class inequalities in health? *J. Pers. Soc. Psychol.* 86, 174–199 (2004).

Gottfredson, L. S., Where and Why g Matters: Not a Mystery. *Hum. Perform.* 15, 25–46 (2002).

Haier, R. J., Siegel, B., Tang, C., Abel, L. & Buchsbaum, M. S., Intelligence and changes in regional cerebral glucose metabolic rate following learning. *Intelligence* 16, 415–426 (1992).

Nyborg, H., *The Scientific Study of General Intelligence: Tribute to Arthur Jensen* (Elsevier, 2003).

Pietschnig, J., Penke, L., Wicherts, J. M., Zeiler, M. & Voracek, M., Meta-analysis of associations between human brain volume and intelligence differences: How strong are they and what do they mean? *Neurosci. Biobehav. Rev.* 57, 411–432 (2015).

Shaw, P. et al., Intellectual ability and cortical development in children and adolescents. *Nature* 440, 676–679 (2006).

Teasdale, T. W., Fuchs, J. & Goldschmidt, E., Degree of myopia in relation to intelligence and educational level. *Lancet Lond. Engl.* 2, 1351–1354 (1988).

GENETISCHE EINFLÜSSE SIND NICHT BÖSE

Singer, P., *Animal Liberation* (Pimlico, 1995).

DIE GENETISCHE GRUNDLAGE DER INTELLIGENZ

WAS UNS ZWILLINGE ÜBER INTELLIGENZ VERRATEN

Myers, D. G., *Psychologie* (Springer-Verlag, 2014).

Plomin, R. & Deary, I. J., Genetics and intelligence differences: five special findings. *Mol. Psychiatry* 20, 98–108 (2015).

ADOPTIONSSTUDIEN UND GENETISCHE UNTERSUCHUNGEN

Davies, G. et al., Genome-wide association studies establish that human intelligence is highly heritable and polygenic. *Mol. Psychiatry* 16, 996–1005 (2011).

Petrill, S. A. & Deater-Deckard, K., The heritability of general cognitive ability: A within-family adoption design. *Intelligence* 32, 403–409 (2004).

Plomin, R., Fulker, D. W., Corley, R. & DeFries, J. C., Nature, Nurture, and Cognitive Development from 1 to 16 Years: A Parent-Offspring Adoption Study. *Psychol. Sci.* 8, 442–447 (1997).

INTELLIGENZ UND CHANCENGLEICHHEIT

Asbury, K. & Plomin, R., *G is for Genes: The Impact of Genetics on Education and Achievement* (John Wiley & Sons, 2013).

Tucker-Drob, E. M. & Bates, T. C., Large Cross-National Differences in Gene × Socioeconomic Status Interaction on Intelligence. *Psychol. Sci.* 27, 138–149 (2016).

SIND WIR ZU BLÖD, UM INTELLIGENZ-GENE ZU FINDEN?

Chabris, C. F. et al., Most reported genetic associations with general intelligence are probably false positives. *Psychol. Sci.* 23, 1314–1323 (2012).

Hill, W. D. et al., A combined analysis of genetically correlated traits identifies 187 loci and a role for neurogenesis and myelination in intelligence. *Mol. Psychiatry* 1 (2018).

Plomin, R., Genetics and general cognitive ability. *Nature* 402, C25–C29 (1999).

Sniekers, S. et al., Genome-wide association meta-analysis of 78,308 individuals identifies new loci and genes influencing human intelligence. *Nat. Genet.* 49, 1107–1112 (2017).

WIE WIRD MAN WENIGER DUMM?

Wolf, M. B. & Ackerman, P. L., Extraversion and intelligence: A meta-analytic investigation. *Personal. Individ. Differ.* 39, 531–542 (2005).

MACHT INTELLIGENZ SEXY?

Gignac, G. E., Darbyshire, J. & Ooi, M., Some people are attracted sexually to intelligence: A psychometric evaluation of sapiosexuality. *Intelligence* 66, 98–111 (2018).

Pierce, A., Miller, G., Arden, R. & Gottfredson, L. S., Why is intelligence correlated with semen quality? *Commun. Integr. Biol.* 2, 385–387 (2009).

Ritchie, S. J. & Tucker-Drob, E. M., How Much Does Education Improve Intelligence? A Meta-Analysis. *Psychol. Sci.* 29, 1358–1369 (2018).

WIE MAN INTELLIGENZ *NICHT* STEIGERT

Dijksterhuis, A. & van Knippenberg, A., The relation between perception and behavior, or how to win a game of trivial pursuit. *J. Pers. Soc. Psychol.* 74, 865–877 (1998).

O'Donnell, M. et al., Registered Replication Report: Dijksterhuis and van Knippenberg (1998). *Perspect. Psychol. Sci. J. Assoc. Psychol. Sci.* 13, 268–294 (2018).

Pietschnig, J., Voracek, M. & Formann, A. K., Mozart Effect-Shmozart Effect: A Meta-Analysis. *Intelligence* 38, 314–323 (2010).

Rauscher, F. H., Shaw, G. L. & Ky, K. N., Music and spatial task performance. *Nature* 365, 611 (1993).

MACHT BLEI BLÖD?

Bellinger, D. C., Childhood Lead Exposure and Adult Outcomes. *JAMA* 317, 1219–1220 (2017).

Bellinger, D. C., Neurological and behavioral consequences of childhood lead exposure. *PLOS Med.* 5, e115 (2008).

Cecil, K. M. et al., Decreased Brain Volume in Adults with Childhood Lead Exposure. *PLOS Med.* 5, e112 (2008).

Kaufman, A. S. et al., The possible societal impact of the decrease in U.S. blood lead levels on adult IQ. *Environ. Res.* 132, 413–420 (2014).

Needleman, H. L., McFarland, C., Ness, R. B., Fienberg, S. E. & Tobin, M. J., Bone lead levels in adjudicated delinquents: A case control study. *Neurotoxicol. Teratol.* 24, 711–717 (2002).

Needleman, H. L., Riess, J. A., Tobin, M. J., Biesecker, G. E. & Greenhouse, J. B., Bone Lead Levels and Delinquent Behavior. *JAMA* 275, 363–369 (1996).

Nevin, R., How Lead Exposure Relates to Temporal Changes in IQ, Violent Crime, and Unwed Pregnancy. *Environ. Res.* 83, 1–22 (2000).

Nevin, R., Understanding international crime trends: The legacy of preschool lead exposure. *Environ. Res.* 104, 315–336 (2007).

Pollmer, U. Umweltgifte – Blei im Blut macht Kinder aggressiv. *Deutschlandfunk Kultur* Available at: https://www.deutschlandfunkkultur.de/umweltgifte-blei-im-blut-macht-kinder-aggressiv.993.de.html?dram:article_id=303207. (Accessed: 11th October 2018)

Wright, J. P. et al., Association of Prenatal and Childhood Blood Lead Concentrations with Criminal Arrests in Early Adulthood. *PLOS Med.* 5, e101 (2008).

JENSEITS VON GENEN UND BILDUNG

Caudill, M. A., Strupp, B. J., Muscalu, L., Nevins, J. E. H. & Canfield, R. L. Maternal choline supplementation during the third trimester of pregnancy improves infant information processing speed: a randomized, double-blind, controlled feeding study. *FASEB J. Off. Publ. Fed. Am. Soc. Exp. Biol.* 32, 2172–2180 (2018).

Cheng, R.-K., MacDonald, C. J., Williams, C. L. & Meck, W. H., Prenatal choline supplementation alters the timing, emotion, and memory performance (TEMP) of adult male and female rats as indexed by differential reinforcement of low-rate schedule behavior. *Learn. Mem.* 15, 153–162 (2008).

Glenn, M. J. et al., Prenatal choline availability modulates hippocampal neurogenesis and neurogenic responses to enriching experiences in adult female rats. *Eur. J. Neurosci.* 25, 2473–2482 (2007).

Polidano, C., Zhu, A. & Bornstein, J. C., The relation between cesarean birth and child cognitive development. *Sci. Rep.* 7, 11483 (2017).

Pyapali, G. K., Turner, D. A., Williams, C. L., Meck, W. H. & Swartzwelder, H. S., Prenatal dietary choline supplementation decreases the threshold for induction of long-term potentiation in young adult rats. *J. Neurophysiol.* 79, 1790–1796 (1998).

Rohrer, J. M., Egloff, B. & Schmukle, S. C., Examining the effects of birth order on personality. *Proc. Natl. Acad. Sci. U. S. A.* 112, 14224–14229 (2015).

DER FLYNN-EFFEKT

Amelang, M. et al., *Differentielle Psychologie und Persönlichkeitsforschung* (Kohlhammer, 2006).

Flynn, J. R., *Are we getting smarter? Rising IQ in the twenty-first century* (Cambridge University Press, 2012).

Flynn, J. R., Massive IQ gains in 14 nations: What IQ tests really measure. *Psychol. Bull.* 101, 171–191 (1987).

Maher, B., Poll results: look who's doping. *Nature* 452, 674–675 (2008).

Maier, L J., Ferris, J. A. & Winstock, A. R., Pharmacological cognitive enhancement among non-ADHD individuals—A cross-sectional study in 15 countries. *Int. J. Drug Policy* 58, 104–112 (2018).

Mingroni, M. A., Resolving the IQ paradox: heterosis as a cause of the Flynn effect and other trends. *Psychol. Rev.* 114, 806–829 (2007).

Mingroni, M. A., The Secular Rise in IQ: Giving Heterosis a Closer Look. *Intelligence* 32, 65–83 (2004).

Nettelbeck, T. & Wilson, C. The Flynn effect: Smarter not faster. *Intelligence* 32, 85–93 (2004).

Pietschnig, J. & Voracek, M. One Century of Global IQ Gains: A Formal Meta-Analysis of the Flynn Effect (1909-2013). *Perspect. Psychol. Sci. J. Assoc. Psychol. Sci.* 10, 282–306 (2015).

Sahakian, B. & Morein-Zamir, S., Professor's little helper. *Nature* (2007). doi: 10.1038/4501157a

Trahan, L. H., Stuebing, K. K., Fletcher, J. M. & Hiscock, M., The Flynn effect: a meta-analysis. *Psychol. Bull.* 140, 1332–1360 (2014).

Wongupparaj, P., Kumari, V. & Morris, R. G., A Cross-Temporal Meta-Analysis of Raven's Progressive Matrices: Age groups and developing versus developed countries. *Intelligence* 49, 1–9 (2015).

Wongupparaj, P., Wongupparaj, R., Kumari, V. & Morris, R. G., The Flynn effect for verbal and visuospatial short-term and working memory: A cross-temporal meta-analysis. *Intelligence* 64, 71–80 (2017).

SMART DRUGS

Bagot, K. S. & Kaminer, Y., Efficacy of stimulants for cognitive enhancement in non-attention deficit hyperactivity disorder youth: a systematic review. *Addict. Abingdon Engl.* 109, 547–557 (2014).

Elliott, R. et al., Effects of methylphenidate on spatial working memory and planning in healthy young adults. *Psychopharmacology (Berl.)* 131, 196–206 (1997).

Killgore, W. D. S., McBride, S. A., Killgore, D. B. & Balkin, T. J., The effects of caffeine, dextroamphetamine, and modafinil on humor appreciation during sleep deprivation. *Sleep* 29, 841–847 (2006).

HIRNSTIMULATION PER MAGNETSTAB

Bütefisch, C. M., Khurana, V., Kopylev, L. & Cohen, L. G., Enhancing encoding of a motor memory in the primary motor cortex by cortical stimulation. *J. Neurophysiol.* 91, 2110–2116 (2004).

Luber, B. & Lisanby, S. H., Enhancement of human cognitive performance using transcranial magnetic stimulation (TMS). *NeuroImage* 85 Pt 3, 961–970 (2014).

BATTERIEBETRIEBENER GEISTESBLITZ

Bikson, M. et al., Safety of Transcranial Direct Current Stimulation: Evidence Based Update 2016. *Brain Stimul. Basic Transl. Clin. Res. Neuromodulation* 9, 641–661 (2016).

Clark, V. P. et al., TDCS Guided using fMRI Significantly Accelerates Learning to Identify Concealed Objects. *Neuroimage* 59, 117–128 (2012).

Coffman, B. A., Clark, V. P. & Parasuraman, R., Battery powered thought: enhancement of attention, learning, and memory in healthy adults using transcranial direct current stimulation. *NeuroImage* 85 Pt 3, 895–908 (2014).

Gooneratne, I. K. et al., Comparing neurostimulation technologies in refractory focal-onset epilepsy. *J. Neurol. Neurosurg. Psychiatry* 87, 1174–1182 (2016).

Kuo, M.-F. & Nitsche, M. A., Exploring prefrontal cortex functions in healthy humans by transcranial electrical stimulation. *Neurosci. Bull.* 31, 198–206 (2015).

Matsumoto, H. & Ugawa, Y., Adverse events of tDCS and tACS: A review. *Clin. Neurophysiol. Pract.* 2, 19–25 (2017).

Steenbergen, L. et al., ›Unfocus‹ on foc.us: commercial tDCS headset impairs working memory. *Exp. Brain Res.* 234, 637–643 (2016).

Tanaka, S., Hanakawa, T., Honda, M. & Watanabe, K., Enhancement of pinch force in the lower leg by anodal transcranial direct current stimulation. *Exp. Brain Res. Exp. Hirnforsch. Exp. Cerebrale* 196, 459–465 (2009).

ROTLICHTMILIEU FÜR KLUGSCHEIẞER

Barrett, D. W. & Gonzalez-Lima, F., Transcranial infrared laser stimulation produces beneficial cognitive and emotional effects in humans. *Neuroscience* 230, 13–23 (2013).

Gonzalez-Lima, F. & Barrett, D. W., Augmentation of cognitive brain functions with transcranial lasers. *Front. Syst. Neurosci.* 8, (2014).

Hamblin, M. R. & Demidova, T. N., Mechanisms of low level light therapy - an introduction. Proc SPIE, Vol 6140, art. no. 610011-12 (2006).

Karu, T. I., Pyatibrat, L. V., Kolyakov, S. F. & Afanasyeva, N. I., Absorption measurements of a cell monolayer relevant to phototherapy: reduction of cytochrome c oxidase under near IR radiation. *J. Photochem. Photobiol. B* 81, 98–106 (2005).

Michalikova, S., Ennaceur, A., van Rensburg, R. & Chazot, P. L., Emotional responses and memory performance of middle-aged CD1 mice in a 3D maze: effects of low infrared light. *Neurobiol. Learn. Mem.* 89, 480–488 (2008).

Mochizuki-Oda, N. et al., Effects of near-infra-red laser irradiation on adenosine triphosphate and adenosine diphosphate contents of rat brain tissue. *Neurosci. Lett.* 323, 207–210 (2002).

Pastore, D., Greco, M. & Passarella, S., Specific helium-neon laser sensitivity of the purified cytochrome c oxidase. *Int. J. Radiat. Biol.* 76, 863–870 (2000).

Rojas, J. C., Bruchey, A. K. & Gonzalez-Lima, F., Low-level light therapy improves cortical metabolic capacity and memory retention. *J. Alzheimers Dis. JAD* 32, 741–752 (2012).

Uozumi, Y. et al., Targeted increase in cerebral blood flow by transcranial near-infrared laser irradiation. *Lasers Surg. Med.* 42, 566–576 (2010).

Wang, X. et al., Up-regulation of cerebral cytochrome-c-oxidase and hemodynamics by transcranial infrared laser stimulation: A broadband near-infrared spectroscopy study. *J. Cereb. Blood Flow Metab. Off. J. Int. Soc. Cereb. Blood Flow Metab.* 37, 3789–3802 (2017).

Wong-Riley, M. T. T. et al., Photobiomodulation directly benefits primary neurons functionally inactivated by toxins: role of cytochrome c oxidase. *J. Biol. Chem.* 280, 4761–4771 (2005).

DIE BIOLOGIE DES MENSCHLICHEN VERHALTENS

Brasil-Neto, J. P., Pascual-Leone, A., Valls-Solé, J., Cohen, L. G. & Hallett, M., Focal transcranial magnetic stimulation and response bias in a forced-choice task. *J. Neurol. Neurosurg. Psychiatry* 55, 964–966 (1992).

Libet, B., Unconscious cerebral initiative and the role of conscious will in voluntary action. *Behav. Brain Sci.* 8, 529–539 (1985).

INTERNATIONALE SEUCHENPARTY

DIE UNBEWUSSTE ANGST VOR INFEKTION

Michel, J. F., Parasitological Significance of Bovine Grazing Behaviour. *Nature* 175, 1088–1089 (1955).

Rozin, P., Millman, L. & Nemeroff, C., Operation of the laws of sympathetic magic in disgust and other domains. *J. Pers. Soc. Psychol.* 50, 703–712 (1986).

FREMDENHASS UND PARASITEN

Eskine, K. J., Kacinik, N. A. & Prinz, J. J., A bad taste in the mouth: gustatory disgust influences moral judgment. *Psychol. Sci.* 22, 295–299 (2011).

Faulkner, J., Schaller, M., Park, J. H. & Duncan, L. A., Evolved Disease-Avoidance Mechanisms and Contemporary Xenophobic Attitudes. *Group Process. Intergroup Relat.* 7, 333–353 (2004).

Fincher, C. L., Thornhill, R., Murray, D. R. & Schaller, M., Pathogen prevalence predicts human cross-cultural variability in individualism/collectivism. *Proc. Biol. Sci.* 275, 1279–1285 (2008).

Goodall, J., Social rejection, exclusion, and shunning among the Gombe chimpanzees. *Ethol. Sociobiol.* 7, 227–236 (1986).

Horberg, E. J., Oveis, C., Keltner, D. & Cohen, A. B., Disgust and the moralization of purity. *J. Pers. Soc. Psychol.* 97, 963–976 (2009).

Letendre, K., Fincher, C. L. & Thornhill, R., Does infectious disease cause global variation in the frequency of intrastate armed conflict and civil war? *Biol. Rev. Camb. Philos. Soc.* 85, 669–683 (2010).

Markel, H. & Stern, A. M., The Foreignness of Germs: The Persistent Association of Immigrants and Disease in American Society. *Milbank Q.* 80, 757–788 (2002).

Mortensen, C. R., Becker, D. V., Ackerman, J. M., Neuberg, S. L. & Kenrick, D. T., Infection Breeds Reticence: The Effects of Disease Salience on Self-Perceptions of Personality and Behavioral Avoidance Tendencies. *Psychol. Sci.* 21, 440–447 (2010).

Murray, D. R. & Schaller, M., Threat(s) and conformity deconstructed: Perceived threat of infectious disease and its implications for conformist attitudes and behavior. *Eur. J. Soc. Psychol.* 42, 180–188 (2012).

Murray, D. R., Schaller, M. & Suedfeld, P., Pathogens and politics: further evidence that parasite prevalence predicts authoritarianism. *PloS One* 8, e62275 (2013).

Murray, D. R., Trudeau, R. & Schaller, M., On the origins of cultural differences in conformity: four tests of the pathogen prevalence hypothesis. *Pers. Soc. Psychol. Bull.* 37, 318–329 (2011).

Navarrete, C. D., Fessler, D. M. T. & Eng, S. J., Elevated ethnocentrism in the first trimester of pregnancy. *Evol. Hum. Behav.* 28, 60–65 (2007).

Schaller, M. & Murray, D. R., Pathogens, personality, and culture: disease prevalence predicts worldwide variability in sociosexuality, extraversion, and openness to experience. *J. Pers. Soc. Psychol.* 95, 212–221 (2008).

Schaller, M. & Neuberg, S. L., Chapter one – Danger, Disease, and the Nature of Prejudice(s). in *Advances in Experimental Social Psychology* (eds. Olson, J. M. & Zanna, M. P.) 46, 1–54 (Academic Press, 2012).

Schaller, M., Miller, G. E., Gervais, W. M., Yager, S. & Chen, E., Mere visual perception of other people's disease symptoms facilitates a more aggressive immune response. *Psychol. Sci.* 21, 649–652 (2010).

Schaller, M., Murray, D. R. & Bangerter, A., Implications of the behavioural immune system for social behaviour and human health in the modern world. *Philos. Trans. R. Soc. B Biol. Sci.* 370, (2015).

Stevenson, R. J. et al., Disgust elevates core body temperature and up-regulates certain oral immune markers. *Brain. Behav. Immun.* 26, 1160–1168 (2012).

Stevenson, R. J., Hodgson, D., Oaten, M. J., Barouei, J. & Case, T. I., The effect of disgust on oral immune function. *Psychophysiology* 48, 900–907 (2011).

Terrizzi, J. A., Shook, N. J. & McDaniel, M. A., The behavioral immune system and social conservatism: a meta-analysis. *Evol. Hum. Behav.* 34, 99–108 (2013).

Tybur, J. M., Bryan, A. D., Magnan, R. E. & Hooper, A. E. C., Smells like safe sex: olfactory pathogen primes increase intentions to use condoms. *Psychol. Sci.* 22, 478–480 (2011).

van Leeuwen, F., Park, J. H., Koenig, B. L. & Graham, J., Regional variation in pathogen prevalence predicts endorsement of group-focused moral concerns. *Evol. Hum. Behav.* 33, 429–437 (2012).

Wu, B.-P. & Chang, L., The social impact of pathogen threat: How disease salience influences conformity. *Personal. Individ. Differ.* 53, 50–54 (2012).

DAS VERHALTENS-IMMUNSYSTEM AUSTRICKSEN

de Barra, M., Islam, M. S. & Curtis, V., Disgust sensitivity is not associated with health in a rural Bangladeshi sample. *PloS One* 9, e100444 (2014).

Huang, J. Y., Sedlovskaya, A., Ackerman, J. M. & Bargh, J. A., Immunizing against prejudice: effects of disease protection on attitudes toward outgroups. *Psychol. Sci.* 22, 1550–1556 (2011).

Lee, S. W. S. & Schwarz, N., Dirty hands and dirty mouths: embodiment of the

moral-purity metaphor is specific to the motor modality involved in moral transgression. *Psychol. Sci.* 21, 1423–1425 (2010).
Zhong, C.-B. & Liljenquist, K., Washing away your sins: threatened morality and physical cleansing. *Science* 313, 1451–1452 (2006).

DIE VERMESSUNG DER PERSÖNLICHKEIT

Jackson, J. J., Thoemmes, F., Jonkmann, K., Lüdtke, O. & Trautwein, U., Military Training and Personality Trait Development: Does the Military Make the Man, or Does the Man Make the Military? *Psychol. Sci.* 23, 270–277 (2012).
Kajonius, P. J. & Johnson, J., Sex differences in 30 facets of the five factor model of personality in the large public (N = 320,128). *Personal. Individ. Differ.* 129, 126–130 (2018).
Schmitt, D. P. et al., Personality and gender differences in global perspective. *Int. J. Psychol. J. Int. Psychol.* 52 Suppl 1, 45–56 (2017).
Tsugawa, Y. et al., Comparison of Hospital Mortality and Readmission Rates for Medicare Patients Treated by Male vs Female Physicians. *JAMA Intern. Med.* 177, 206–213 (2017).
Vianello, M., Schnabel, K., Sriram, N. & Nosek, B., Gender differences in implicit and explicit personality traits. *Personal. Individ. Differ.* 55, 994–999 (2013).

WAGHALSIGE WEGE ZU MEHR OFFENHEIT

Bleidorn, W., Kandler, C., Riemann, R., Spinath, F. M. & Angleitner, A., Patterns and sources of adult personality development: growth curve analyses of the NEO PI-R scales in a longitudinal twin study. *J. Pers. Soc. Psychol.* 97, 142–155 (2009).
Lüdtke, O., Roberts, B. W., Trautwein, U. & Nagy, G., A Random Walk Down University Avenue: Life Paths, Life Events, and Personality Trait Change at the Transition to University Life. *J. Pers. Soc. Psychol.* 101, 620–637 (2011).
MacLean, K. A., Johnson, M. W. & Griffiths, R. R., Mystical Experiences Occasioned by the Hallucinogen Psilocybin Lead to Increases in the Personality Domain of Openness. *J. Psychopharmacol. Oxf. Engl.* 25, 1453–1461 (2011).
Specht, J., Egloff, B. & Schmukle, S. C., Everything under control? The effects of age, gender, and education on trajectories of perceived control in a nationally representative German sample. *Dev. Psychol.* 49, 353–364 (2013).
Spektrum Kompakt: Persönlichkeit – Was den Charakter formt. Available at: https://www.spektrum.de/pdf/spektrum-kompakt-persoenlichkeit/1535125.

Studerus, E., Kometer, M., Hasler, F. & Vollenweider, F X., Acute, subacute and long-term subjective effects of psilocybin in healthy humans: a pooled analysis of experimental studies. *J. Psychopharmacol. Oxf. Engl.* 25, 1434–1452 (2011).

FORSCHER, DIE MIT PILZEN DEALEN

DROGEN SIND WIE KINDER KRIEGEN

Carhart-Harris, R. L. et al., Neural correlates of the psychedelic state as determined by fMRI studies with psilocybin. *Proc. Natl. Acad. Sci. U. S. A.* 109, 2138–2143 (2012).

Griffiths, R. R., Richards, W. A., McCann, U. & Jesse, R., Psilocybin can occasion mystical-type experiences having substantial and sustained personal meaning and spiritual significance. *Psychopharmacology (Berl.)* 187, 268–283; discussion 284-292 (2006).

GENERALPROBE FÜR DEN TOD

Andrews-Hanna, J. R., The Brain's Default Network and its Adaptive Role in Internal Mentation. *Neurosci. Rev. J. Bringing Neurobiol. Neurol. Psychiatry* 18, 251–270 (2012).

Griffiths, R. R. et al., Psilocybin produces substantial and sustained decreases in depression and anxiety in patients with life-threatening cancer: A randomized double-blind trial. *J. Psychopharmacol. Oxf. Engl.* 30, 1181–1197 (2016).

Johnson, M. W., Garcia-Romeu, A. & Griffiths, R. R., Long-term follow-up of psilocybin-facilitated smoking cessation. *Am. J. Drug Alcohol Abuse* 43, 55–60 (2017).

Ross, S. et al., Rapid and sustained symptom reduction following psilocybin treatment for anxiety and depression in patients with life-threatening cancer: a randomized controlled trial. *J. Psychopharmacol. Oxf. Engl.* 30, 1165–1180 (2016).

Spreng, R. N. & Grady, C. L., Patterns of brain activity supporting autobiographical memory, prospection, and theory of mind, and their relationship to the default mode network. *J. Cogn. Neurosci.* 22, 1112–1123 (2010).

IST DAS NICHT GEFÄHRLICH?

Hendricks, P. S. et al., The relationships of classic psychedelic use with criminal behavior in the United States adult population. *J. Psychopharmacol. Oxf. Engl.* 32, 37–48 (2018).

Hendricks, P. S., Clark, C. B., Johnson, M. W., Fontaine, K. R. & Cropsey, K. L., Hallucinogen use predicts reduced recidivism among substance-involved offenders under community corrections supervision. *J. Psychopharmacol. Oxf. Engl.* 28, 62–66 (2014).

Nutt, D. J., Equasy-- an overlooked addiction with implications for the current debate on drug harms. *J. Psychopharmacol. Oxf. Engl.* 23, 3–5 (2009).

Nutt, D. J., King, L. A., Phillips, L. D. & Independent Scientific Committee on Drugs. Drug harms in the UK: a multicriteria decision analysis. *Lancet Lond. Engl.* 376, 1558–1565 (2010).

Walsh, Z. et al., Hallucinogen use and intimate partner violence: Prospective evidence consistent with protective effects among men with histories of problematic substance use. *J. Psychopharmacol. Oxf. Engl.* 30, 601–607 (2016).

Westfall, R. S., Millar, M. G. & Lovitt, A. The Influence of Physical Attractiveness on Belief in a Just World. *Psychol. Rep.* 33294118763172 (2018). doi:10.1177/0033294118763172

ATTRAKTIV UND DOMINANT

Dutton, D. G. & Aron, A. P., Some evidence for heightened sexual attraction under conditions of high anxiety. *J. Pers. Soc. Psychol.* 30, 510–517 (1974).

DIE FEHLZUSCHREIBUNG DER *ERREGUNG*

Aronson, E., Wilson, T. D. & Akert, R. M. *Sozialpsychologie* (Pearson Deutschland GmbH, 2008).

Marin, M. M., Schober, R., Gingras, B. & Leder, H., Misattribution of musical arousal increases sexual attraction towards opposite-sex faces in females. *PloS One* 12, e0183531 (2017).

Meston, C. M. & Frohlich, P. F., Love at first fright: partner salience moderates roller-coaster-induced excitation transfer. *Arch. Sex. Behav.* 32, 537–544 (2003).

Schachter, S., The Interaction of Cognitive and Physiological Determinants of Emotional State. *Advances in Experimental Social Psychology* (ed. Berkowitz, L.) 1, 49–80 (Academic Press, 1964).

White, G. L., Fishbein, S. & Rutsein, J., Passionate love and the misattribution of arousal. *J. Pers. Soc. Psychol.* 41, 56–62 (1981).

TESTOSTERON – EIN MISSVERSTANDENES HORMON

Attrill, M. J., Gresty, K. A., Hill, R. A. & Barton, R. A., Red shirt colour is associated with long-term team success in English football. *J. Sports Sci.* 26, 577–582 (2008).

Buss, D. M. & Barnes, M., Preferences in human mate selection. *J. Pers. Soc. Psychol.* 50, 559–570 (1986).

Dabbs, J. M., Carr, T. S., Frady, R. L. & Riad, J. K., Testosterone, crime, and misbehavior among 692 male prison inmates. *Personal. Individ. Differ.* 18, 627–633 (1995).

Eisenegger, C., Haushofer, J. & Fehr, E., The role of testosterone in social interaction. *Trends Cogn. Sci.* 15, 263–271 (2011).

Eisenegger, C., Naef, M., Snozzi, R., Heinrichs, M. & Fehr, E., Prejudice and truth about the effect of testosterone on human bargaining behaviour. *Nature* 463, 356–359 (2010).

Farrelly, D., Slater, R., Elliott, H. R., Walden, H. R. & Wetherell, M. A., Competitors who choose to be red have higher testosterone levels. *Psychol. Sci.* 24, 2122–2124 (2013).

Ferrucci, L. et al., Low testosterone levels and the risk of anemia in older men and women. *Arch. Intern. Med.* 166, 1380–1388 (2006).

Gottschall, J., Martin, J., Quish, H. & Rea, J., Sex differences in mate choice criteria are reflected in folktales from around the world and in historical European literature. *Evol. Hum. Behav.* 25, 102–112 (2004).

Hill, R. A. & Barton, R. A., Psychology: Red enhances human performance in contests. *Nature* 435, 293 (2005).

Honk, J. van, Montoya, E. R., Bos, P. A., Vugt, M. van & Terburg, D., New evidence on testosterone and cooperation. *Nature* 485, E4–E5 (2012).

Khan, S. A., Levine, W. J., Dobson, S. D. & Kralik, J. D., Red signals dominance in male rhesus macaques. *Psychol. Sci.* 22, 1001–1003 (2011).

Miller, S. L., Maner, J. K. & McNulty, J. K., Adaptive attunement to the sex of individuals at a competition: the ratio of opposite- to same-sex individuals correlates with changes in competitors' testosterone levels. *Evol. Hum. Behav.* 33, 57–63 (2012).

Montoya, P., Campos, J. J. & Schandry, R., See red? Turn pale? Unveiling emotions through cardiovascular and hemodynamic changes. *Span. J. Psychol.* 8, 79–85 (2005).

Nave, G. *et al.* Single-dose testosterone administration increases men's preference for status goods. *Nat. Commun.* 9, 2433 (2018).

Saad, G. & Vongas, J. G. The effect of conspicuous consumption on men's testosterone levels. *Organ. Behav. Hum. Decis. Process.* 110, 80–92 (2009).

Stanton, S. J. The role of testosterone and estrogen in consumer behavior and social & economic decision making: A review. *Horm. Behav.* 92, 155–163 (2017).

van der Meij, L., Buunk, A. P., van de Sande, J. P. & Salvador, A., The presence of a woman increases testosterone in aggressive dominant men. *Horm. Behav.* 54, 640–644 (2008).

Vongas, J. G. & Al Hajj, R., The effects of competition and implicit power motive on men's testosterone, emotion recognition, and aggression. *Horm. Behav.* 92, 57–71 (2017).

Wibral, M., Dohmen, T., Klingmüller, D., Weber, B. & Falk, A., Testosterone administration reduces lying in men. *PloS One* 7, e46774 (2012).

Wiedemann, D., Burt, D. M., Hill, R. A. & Barton, R. A., Red clothing increases perceived dominance, aggression and anger. *Biol. Lett.* 11, 20150166 (2015).

Zilioli, S. & Bird, B. M., Functional significance of men's testosterone reactivity to social stimuli. *Front. Neuroendocrinol.* 47, 1–18 (2017).

DURCH BLAULICHT ZUM BOSS

Anderson, C. & Brown, C. E., The functions and dysfunctions of hierarchy. *Res. Organ. Behav.* 30, 55–89 (2010).

Drews, C., The Concept and Definition of Dominance in Animal Behaviour. *Behaviour* 125, 283–313 (1993).

Gesquiere, L. R. *et al.* Life at the Top: Rank and Stress in Wild Male Baboons. *Science* 333, 357–360 (2011).

Lange, L., Zedler, B., Verhoff, M. A. & Parzeller, M., Love Death—A Retrospective and Prospective Follow-Up Mortality Study Over 45 Years. *J. Sex. Med.* 14, 1226–1231 (2017).

Lawson, G. M., Duda, J. T., Avants, B. B., Wu, J. & Farah, M. J., Associations between Children's Socioeconomic Status and Prefrontal Cortical Thickness. *Dev. Sci.* 16, 641–652 (2013).

Zhou, T. et al., History of winning remodels thalamo-PFC circuit to reinforce social dominance. *Science* 357, 162–168 (2017).

DAS STREBEN NACH GLÜCK

Ahlskog, J. E., Pathological behaviors provoked by dopamine agonist therapy of Parkinson's disease. *Physiol. Behav.* 104, 168–172 (2011).

Boylan, L. S. & Kostić, V. S., Don't ask, don't tell: Impulse control disorders in PD. *Neurology* 91, 107–108 (2018).

Sapolsky, R. M. *Behave: The Biology of Humans at Our Best and Worst* (Penguin, 2017).

WAS MACHT GLÜCKLICH?

Asai, A. et al., HappyDB: A Corpus of 100,000 Crowdsourced Happy Moments. *ArXiv180107746 Cs* (2018).

Brickman, P., Coates, D. & Janoff-Bulman, R., Lottery winners and accident victims: is happiness relative? *J. Pers. Soc. Psychol.* 36, 917–927 (1978).

Lykken, D. & Tellegen, A., Happiness Is a Stochastic Phenomenon. *Psychol. Sci.* 7, 186–189 (1996).

Okbay, A. et al., Genetic variants associated with subjective well-being, depressive symptoms, and neuroticism identified through genome-wide analyses. *Nat. Genet.* 48, 624–633 (2016).

Stetka, B., Money Can Buy Happiness If You Spend It Wisely. *Scientific American* doi:10.1038/scientificamericanmind0715-9a

Whillans, A. V., Dunn, E. W., Smeets, P., Bekkers, R. & Norton, M. I., Buying time promotes happiness. *Proc. Natl. Acad. Sci. U. S. A.* 114, 8523–8527 (2017).

SINNVOLLER ALS GLÜCKLICH SEIN

Boyle, P. A. et al., Effect of purpose in life on the relation between Alzheimer disease pathologic changes on cognitive function in advanced age. *Arch. Gen. Psychiatry* 69, 499–505 (2012).

Boyle, P. A., Barnes, L. L., Buchman, A. S. & Bennett, D. A., Purpose in life is associated with mortality among community-dwelling older persons. *Psychosom. Med.* 71, 574–579 (2009).

Boyle, P. A., Buchman, A. S. & Bennett, D. A., Purpose in life is associated with a reduced risk of incident disability among community-dwelling older persons. *Am. J. Geriatr. Psychiatry Off. J. Am. Assoc. Geriatr. Psychiatry* 18, 1093–1102 (2010).

Boyle, P. A., Buchman, A. S., Barnes, L. L. & Bennett, D. A., Effect of a purpose in life on risk of incident Alzheimer disease and mild cognitive impairment in community-dwelling older persons. *Arch. Gen. Psychiatry* 67, 304–310 (2010).

Clark, A. E., Flèche, S., Layard, R., Powdthavee, N. & Ward, G., *The Origins of Happiness: The Science of Well-Being over the Life Course* (Princeton University Press, 2018).

Kim, A. & Maglio, S. J., Vanishing time in the pursuit of happiness. *Psychon. Bull. Rev.* 25, 1337–1342 (2018).

Kim, E. S., Sun, J. K., Park, N. & Peterson, C., Purpose in life and reduced incidence of stroke in older adults: ›The Health and Retirement Study‹. *J. Psychosom. Res.* 74, 427–432 (2013).

Krause, N., Meaning in life and mortality. *J. Gerontol. B. Psychol. Sci. Soc. Sci.* 64, 517–527 (2009).

Turner, A. D., Smith, C. E. & Ong, J. C., Is purpose in life associated with less sleep disturbance in older adults? *Sleep Sci. Pract.* 1, 14 (2017).

WIE SOLL DAS NUR WEITERGEHEN?

Aktive Minderheit: Viele Hass-Kommentare von wenig Nutzern. ZEIT ONLINE, https://www.zeit.de/news/2018-02/20/viele-hass-kommentare-von-wenig-nutzern-180220-99-165168. (Aufgerufen am 12. Oktober 2018)

Blonigen, D. M., Hicks, B. M., Krueger, R. F., Patrick, C. J. & Iacono, W. G., Psychopathic personality traits: heritability and genetic overlap with internalizing and externalizing psychopathology. *Psychol. Med.* 35, 637–648 (2005).

Falk, O. et al., The 1 % of the population accountable for 63 % of all violent crime convictions. *Soc. Psychiatry Psychiatr. Epidemiol.* 49, 559–571 (2014).

Kiehl, K. A. & Hoffman, M. B., The Criminal Psychopath: History, Neuroscience, Treatment, And ECONOMICS. *Jurimetrics* 51, 355–397 (2011).

GEFÄHRLICHE BIOLOGIE

Dreu, C. K. W. D. et al., The Neuropeptide Oxytocin Regulates Parochial Altruism in Intergroup Conflict Among Humans. *Science* 328, 1408–1411 (2010).

Jackson, R. J. et al., Expression of Mouse Interleukin-4 by a Recombinant Ectromelia Virus Suppresses Cytolytic Lymphocyte Responses and Overcomes Genetic Resistance to Mousepox. *J. Virol.* 75, 1205–1210 (2001).

Noyce, R. S., Lederman, S. & Evans, D. H., Construction of an infectious horsepox virus vaccine from chemically synthesized DNA fragments. *PLOS ONE* 13, e0188453 (2018).

Savulescu, J., Human liberation: removing biological and psychological barriers to freedom. *Monash Bioeth. Rev.* 29, 04.1-18 (2010).

TEDx Talks. *Pills that improve morality: Julian Savulescu at TEDxBarcelona* (2013).

ETHISCHE OPTIMIERUNG

Ford, B. J., *Secret Weapons: Technology, Science and the Race to Win World War II* (Bloomsbury USA, 2011).

Konrad-Bindl, D. S., Gresser, U. & Richartz, B. M., Changes in behavior as side effects in methylphenidate treatment: review of the literature. *Neuropsychiatr. Dis. Treat.* 12, 2635–2647 (2016).

Terbeck, S. et al., Propranolol reduces implicit negative racial bias. *Psychopharmacology (Berl.)* 222, 419–424 (2012).

EMPATHISCHER WERDEN

Ayan, S., Sozialpsychologie: Schattenseiten des Mitgefühls. *Gehirn & Geist* 9 (2017).

Bloom, P., *Against Empathy: The Case for Rational Compassion* (HarperCollins, 2016).

Warrier, V. et al., Genome-wide analyses of self-reported empathy: correlations with autism, schizophrenia, and anorexia nervosa. *Transl. Psychiatry* 8, 35 (2018).

SCHWITZ DICH KRIMINELL

Anderson, C. A., Heat and Violence. *Curr. Dir. Psychol. Sci.* 10, 33–38 (2001).

Baron, R. A. & Bell, P. A., Aggression and heat: mediating effects of prior provocation and exposure to an aggressive model. *J. Pers. Soc. Psychol.* 31, 825–832 (1975).

Kenrick, D. T. & Macfarlane, S. W., Ambient temperature and horn honking: A Field Study of the Heat/Aggression Relationship. *Environ. Behav.* 18, 179–191 (1986).

Ranson, M., Crime, weather, and climate change. *J. Environ. Econ. Manag.* 67, 274–302 (2014).

Rinderu, M. I., Bushman, B. J. & Van Lange, P. A. Climate, aggression, and violence (CLASH): a cultural-evolutionary approach. *Curr. Opin. Psychol.* 19, 113–118 (2018).

Vrij, A., Steen, J. V. D. & Koppelaar, L., Aggression of police officers as a function of temperature: An experiment with the fire arms training system. *J. Community Appl. Soc. Psychol.* 4, 365–370 (1994).

FRISS DICH LIEB

Danziger, S., Levav, J. & Avnaim-Pesso, L., Extraneous factors in judicial decisions. *Proc. Natl. Acad. Sci. U. S. A.* 108, 6889–6892 (2011).

BLÖD SCHAUEN FÜR DEN WELTFRIEDEN

Bateson, M., Callow, L., Holmes, J. R., Roche, M. L. R. & Nettle, D., Do Images of ›Watching Eyes‹ Induce Behaviour That Is More Pro-Social or More Normative? A Field Experiment on Littering. *PLOS ONE* 8, e82055 (2013).

Ernest-Jones, M., Nettle, D. & Bateson, M., Effects of eye images on everyday cooperative behavior: a field experiment. *Evol. Hum. Behav.* 32, 172–178 (2011).

Francey, D. & Bergmüller, R., Images of Eyes Enhance Investments in a Real-Life Public Good. *PLOS ONE* 7, e37397 (2012).

Nettle, D., Nott, K. & Bateson, M., ›Cycle Thieves, We Are Watching You‹: Impact of a Simple Signage Intervention against Bicycle Theft. *PLOS ONE* 7, e51738 (2012).

Powell, K. L., Roberts, G. & Nettle, D., Eye Images Increase Charitable Donations: Evidence From an Opportunistic Field Experiment in a Supermarket. *Ethology* 118, 1096–1101 (2012).

DIE APOKALYPSE KANN WARTEN

Berger, J. & Milkman, K. L., What Makes Online Content Viral? *J. Mark. Res.* 49, 192–205 (2012).

Kelly, R. L., *From the Peaceful to the Warlike: Ethnographic and Archaeological Insights into Hunter-Gatherer Warfare and Homicide* (Oxford University Press, 2013).

Leetaru, K., Culturomics 2.0: Forecasting large-scale human behavior using global news media tone in time and space. *First Monday* 16, (2011).

Pinker, S., *Aufklärung jetzt: Für Vernunft, Wissenschaft, Humanismus und Fortschritt. Eine Verteidigung* (S. Fischer Verlag, 2018).

Song, X.-P. et al., Global land change from 1982 to 2016. *Nature* 560, 639–643 (2018).

Zeng, T. C., Aw, A. J. & Feldman, M. W., Cultural hitchhiking and competition between patrilineal kin groups explain the post-Neolithic Y-chromosome bottleneck. *Nat. Commun.* 9, 2077 (2018).

REGISTER